华北地区

旅游地貌特征与旅游资源保护

武智勇 姜欣言 杨依天◎著

吉林大学出版社

·长春·

图书在版编目(CIP)数据

华北地区旅游地貌特征与旅游资源保护 / 武智勇，
姜欣言，杨依天著. -- 长春 : 吉林大学出版社，2020.8

ISBN 978-7-5692-6908-6

Ⅰ. ①华… Ⅱ. ①武… ②姜… ③杨… Ⅲ. ①地貌环
境－研究－华北地区②旅游资源－资源保护－研究－华北
地区 Ⅳ. ① P941.2 ② F592.72

中国版本图书馆 CIP 数据核字 (2020) 第 156599 号

书　　名　华北地区旅游地貌特征与旅游资源保护
　　　　　　HUABEI DIQU LÜYOU DIMAO TEZHENG YU LÜYOU ZIYUAN BAOHU

作　　者　武智勇　姜欣言　杨依天 著
策划编辑　黄国彬
责任编辑　马宁徽
责任校对　宋睿文
装帧设计　黄丹丹
出版发行　吉林大学出版社
社　　址　长春市人民大街 4059 号
邮政编码　130021
发行电话　0431-89580028/29/21
网　　址　http://www.jlup.com.cn
电子邮箱　jdcbs@jlu.edu.cn
印　　刷　廊坊市广阳区九洲印刷厂
开　　本　787mm×1092mm　　　　1/16
印　　张　11.75
字　　数　200 千字
版　　次　2021年7月　第1版
印　　次　2021年7月　第1次
书　　号　ISBN 978-7-5692-6908-6
定　　价　58.00 元

前　言

　　人类的生存与发展离不开地理环境，更离不开资源不断地被发现、开发和利用。地貌是地理环境的要素之一，当其具有利用价值时，便成为一种资源。近年来，因对地貌资源新的利用方式的探索，地貌已成为重要的旅游资源。旅游地貌资源的主体是风景地貌，我国首批44处重点风景名胜中，半数以上是风景地貌。为此，本书对风景地貌的形成、特点、开发与保护问题进行尝试性探讨，进一步分析了华北地区旅游地貌资源，阐述了华北地区旅游地貌资源的形成、演变及其特征。

　　本书首先对华北、华北政区及其地文情况进行简单介绍。然后依次分析了华北地貌的形态特征、组成物质及分布规律，推测地貌的成因，并对地貌的形成进行断代，从而对地貌类型与区域进行划分。同时，本书简单复原了山地夷平面、河流阶地面以及盆地埋藏面等华北地貌面，并基于华北山地地文期、山地侵蚀与平原堆积的相关理论，对华北地貌的形成与演化进行了复原，探讨了新构造运动、气候变化及人类活动对地貌的影响。在此基础上，本书从山地旅游地貌、平原旅游地貌、海岸旅游地貌及特殊地貌资源（是否为特殊旅游地貌）等四个方面探讨了华北旅游地貌资源的保护问题。

　　本书认为，地貌是一种资源，且一些地貌亦是珍贵的地质文化资源，人类合理利用和开发地貌将成为具有特色的旅游资源。就华北而言，应根据不同的地貌类型与组成物质进行合理的开发和利用，并对一些典型地貌进行保护。

　　由于笔者水平有限，因此书中难免有疏漏之处，敬请广大读者批评指正。

作　者

目　录

第一章 绪 论

第一节 "华北"的概念

在本书当中涉及的"华北"概念，包括三大地貌单元，即华北山地、华北平原和渤海海域。

1980 年，中国科学院《中国自然地理》编辑委员会对华北山地、华北平原都进行了定义，规定了华北山地包括辽河、辽西沿海诸河分水岭范围内的山地、向西至黄河分水岭、向北至内蒙古高原内流河分水岭这一范围内的山地为华北山地。出于考虑河北行政区的完整性，因此，在本书中，将位于内蒙古高原内流河流域中的属于河北属地的一小部分，以及属于辽西沿海诸河流域、辽河流域中的一小部分都归入了到了华北山地的范围。那么，在本书中所提及的"华北山地"，则以海河、滦河流域相邻河流的分水岭为界，在海河流域的东部、滦河流域的北部，以分水岭以外的河北省省界为界的山地。而本书中所说的华北平原，是以龚国元提出的，包括黄河下游海拔 100m 以下的洪积－冲积平原、黄河以北的古黄河洪积－冲积平原、滦河以东的海河下游平原。所说的渤海海域是指向东达到渤海海峡与黄海分界的海岸、海岛以及海底。其中，渤海海岸是从平均海岸线向陆地延伸 10 km 范围内的地域。综合以上所述可以看出，本书所要讨论的范围基本以自然界线进行划分，只有少部分是根据行政区、人为划定的虚界作为分界线的。该区域位于我国东部偏北，大致的地理坐标为北纬 35°～43°，西经 112°～122°。总面积达到 43 万 ha 左右，其中，35 万 ha 为陆地。

第二节 华北政区的现状

一、华北地区政区现状

在中华人民共和国成立之初，国务院将全国划分为若干经济协作区以便统筹开展全国经济工作的需要，这些经济协作区分别是东北经济协作区、华北经济协作区、华中经济协作区、华南经济协作区、西南经济协作区以及西北经济协作区。河北省、山西省、北京市、天津市以及内蒙古自治区属于华北经济协作区。因此，后来人们习惯上把这一范围视为华北地区。这是政区区划范畴上的华北，而在本书中所要研究的华北地区，在行政区划范畴基础上，包含了河北省、北京市、天津市，以及内蒙古自治区南部的小部分地区、山西省东部及东北部、山东省西北部、辽宁省西部、河南省东北部。

二、渤海地区政区现状

在前面的内容我们已经讲到了本书中所研究的渤海地区的范围，那么在行政区划范畴上的渤海地区，除了上面讲到的属于华北政区的河北省、天津市、山东省的濒海部分之外，还包括有辽宁省和山东省临近海岸的7个地级市、6个市辖区、12个县级市、3个县的部分区域。

第三节 华北地文现状

一、华北地区地文现状

（一）山文

1. 高原

在华北的最北部有高原分布，它们属于内蒙古高原，在河北人们也将其称做"坝上"。高原面海拔可达 1 300～1 400 m，并略微向北倾斜。此外，在高原面分布着少量的丘陵，丘陵顶部海拔可以达到 1 500～1 600 m，与高原面的相对高差约为 100～200 m。在沽源西部，有一个北东—南西向的丘陵，以此做为内流河区与外流河区的分界线，其西为内流河区，发源于南部山地以及东部山地的小河流最终流入安固里淖；其东为外流河区，闪电河—滦河与小滦河在高原上分别向南流去，切过坝缘山地后，小滦河汇入滦河。

2. 山地

在华北地区的西部、西北部以及北部有山地分布。

分布在华北地区西部的山地主要为河北省西部的山地以及山西省东部的山地,这一地区山地的走向大多数呈北东—南西走向。从西北向东南依次分别为恒山、云中山、五台山、系舟山、太岳山、太行山。恒山—云中山是桑干河与滹沱河的分水岭,五台山—系舟山—太岳山是海河与汾河的分水岭。恒山—云中山海拔1 500～2 000 m,最高山峰海拔2 400 m。五台山—系舟山—太岳山,海拔1 300～2 800 m,其中,多数山峰的海拔超过2 000 m,最高山峰海拔达2 800 m。太行山长达650 km,起于桑干河南岸,一路向西南延伸,最终止于河南省焦作市的黄河北岸。太行山可分为北、中、南三段。太行山北段,起于桑干河止于滹沱河一段,海拔1 500～2 200 m,最高山峰海拔2 800 m;太行山中段,从滹沱河开始到漳河一段,海拔1 100～1 700 m,最高山峰海拔在2 000～2 100 m;太行山南段,始于漳河最终到达河南省焦作市的黄河一段,海拔1 000～1 500 m,最高山峰海拔1 800 m。

分布在华北地区西北部的山地基本呈北东—南西走向,包括河北省西北部山地以及山西省北部山地。其中,河北省西北部山地和山西省东北部的山地被盆地分割为三列东西向山地,它们由北向南依次分别是大马群山、黄阳山—熊耳山以及六棱山,海拔1 200～1 500 m,最高山峰海拔2 000～2 100 m。位于山西省西北部的山地是管涔山,呈南北走向,海拔1 300～1 500 m,其最高山峰海拔2 147 m,名为黑驼山,构成了黄河与海河的分水岭。

分布在华北地区北部的山地呈东西走向,它们构成了阴山山脉。最北端起自内蒙古高原的南缘,河北省称其为冀北山地,也被称为坝缘山地,其中,张北至沽源一段又被称为大马群山。东段海拔要高于西段,西段海拔在1 400 m左右,东段海拔在1 700 m左右,其中,有些山峰海拔达2 000～2 200 m。位于沽源西边的冀北山地构成了内流河与外流河的分水岭,其东北端的最高峰为大光顶子山。大光顶子山南侧为七老图山,是滦河与辽河的分水岭,海拔1 200～1 800 m,呈南北走向。南部为分布在河北省、天津市、北京市境内的燕山山地,海拔1 200～1 400 m,最高山峰海拔2 100 m。

3. 盆地

在华北地区西北部,有几处大型盆地穿插其中。它们从东北向西南依次分别是：延庆—涿鹿盆地、怀安—宣化盆地、大同—阳原盆地、蔚县盆地、原平—忻州盆地、榆杜—长治盆地等。此外，还有一些小型盆地，如将军庙盆地、灵丘盆地、井陉盆地，位于西北部的涞源盆地，位于燕山山地北部的滦平—承德盆地以及柳江盆地，位于太行山地中部的武安盆地，位于太行山南部的林州盆地等也穿插其中。

4. 平原

平原西起太行山东麓海拔 100 m 等高线，北至燕山南麓海拔 50 m 等高线，南抵黄河，东至渤海。平原分为冀东平原、冀中平原、冀南平原、京津平原、豫北平原、鲁西北平原。

（二）水文

1. 河流

华北地区的河流主要属于海河与滦河两大水系。

海河水系可以进一步分为北运河、永定河、大清河、子牙河以及南运河五大支流。北运河，其上游主要是北沙河、南沙河以及东沙河汇流而成的温榆河以及潮白河。永定河是河北系的最大河流，由桑干河与洋河汇合而成。大清河位于海河流域的中部，其上游在山区的主要河流为拒马河、唐河、沙河。子牙河，上游有两条主要的支流——滹沱河与滏阳河。南运河，由漳河与卫河合流合成。滦河水系上游主要由闪电河与吐里根河两大河流构成，其主要支流有小滦河、伊逊河、武烈河、瀑河、青龙河等。金堤河，位于豫北、鲁西北平原，最终流入黄河。徒骇河与马颊河，是直接汇流入渤海的两条河流。除此以外，洋河、石河、沙河、陡河、蓟运河等位于冀东平原也是直接流入渤海的小河流。

2. 湖泊

华北地区的湖泊主要分布于华北地区的坝上高原以及华北平原。其中，安固里淖、察汗淖、黄盖淖等是坝上高原较大的湖泊；白洋淀、衡水湖等是华北平原较大的湖泊，此外还有七里海、团泊洼等较小的湖泊。

二、渤海地区地文现状

渤海的北面、西面和南面都与内陆相接,只有东面开口沟通黄海。渤海北岸与辽宁、河北二省相接,西岸与天津市、河北省相接,南岸与山东省相接。渤海可以分为辽东湾、渤海湾、莱州湾、中央海区、渤海海峡五部分。向东为与黄海相接的庙岛群岛,位于大连与蓬莱之间。庙岛群岛南北 480 km,东西 300 km。渤海地区海岸线全长近 4 000 km,其中 2 668 km 左右为大陆部分海岸线,1 000 km 左右为海岛部分海岸线。海峡宽达 105 km 左右。渤海中岛屿众多,各大小岛屿加起来超过 300 个。在这些岛屿中,大多数为基岩岛,其中,面积最大的基岩岛为长兴岛,面积约为 220 ha;还有一些岛屿为泥沙堆积岛,其中,面积最大的泥沙堆积岛为曹妃甸,面积达 20 ha 左右。庙岛群岛是渤海地区最大的基岩群岛,又名长山列岛,包括大小岛屿 32 个,如南长山岛、北长山岛、大黑山岛、小黑山岛、大钦岛、小钦岛等。其中,南长山岛是庙岛群岛中面积最大的岛屿,长岛县的县政府就设立在南长山岛上。曹妃甸群岛面积超过 500 ha,包括大小岛屿 30 多个。渤海平均水深为18 m,绝大多数地区水深都没有超过 15 m,因此渤海属于浅海。渤海中部的盆地水深可达到 30 m,渤海海峡的水道部分水深最深,可达 86 m。

在环绕渤海的山地中,多数为低山和丘陵。其中千山位于辽东湾东侧,努鲁儿虎山位于辽东湾西侧,海拔都没有超过 1 000 m,属于低山、丘陵,地势北面高南面低。位于山东半岛的山东丘陵,海拔不足 500 m,地势为南面高北面低。此外,其他的山地如太行山、燕山等,距离渤海比较远。平坦广阔的洪积平原与冲积平原分布在山地与渤海之间。在流入渤海河流中,较大河流从北至南分别为:浑河、辽河、大凌河、小凌河、滦河、蓟运河、海河、马颊河、徒骇河、黄河、小清河、潍河以及胶莱河。

总览渤海海底地势情况,呈现西北—向东南走向,然后以渤海海峡为走廊,沟通黄海海底地势,地势平缓,平均坡度为 0°0′28″。在这里,我们可以将从渤海湾的海河口到老铁山水道这一段看作一个轴线,在该轴线以北的地区,为砂质覆盖的海底。这里的地势起伏较大,并且其中穿插着各种谷道;在该轴线以南的地区,为泥质粉砂覆盖的海底。这里的地势相对较为平缓，起伏较小。渤海海峡的地形非常复杂，并且地势崎岖。庙岛群岛由南向北贯穿了整个渤海海峡，使得渤海海峡在此处形成众多的东西向横穿的海沟，以及南北向相间分布的山脊，沟槽深度较大，多数都超过了 40 m，其中，最深的地方达到了 86 m。

第二章 华北地貌概况

第一节 华北地貌格局及其在全国地貌中的位置

一、华北地貌的特点

（一）华北地貌形成因素多样

华北地区拥有多种地貌形态类型，并且类型比较齐全，同时，这些地貌的形成因素也是多种多样。它们形成的时间久远，地貌形态层层叠置，这也是华北地貌一个非常显著的特点。

1. 地貌形态类型较为齐全

华北地区的地貌类型非常齐全，拥有两种巨地貌类型，四种大地貌类型。巨地貌类型分别是大地构造形成的陆地和海盆。在大地貌类型中，华北地区是我国唯一一个拥有大地貌类型中所有地貌形态的地区。在中地貌类型中，中山、低山、盆地、扇形平原、滨海平原等共三十多种地貌类型，在华北地区都有分布，只有极高山和高山两种地貌形态华北地区没有。在小地貌类型中，华北地区拥有包括山地夷平面、河流谷地、山麓剥蚀面、阶地、古河道高地、古河间低地、三角洲等在内的一百多种地貌形态。在微地貌类型中，华北地区拥有曲流、冲沟、隘谷、决口扇、细沟、洼地、牛轭湖、嶂谷、宽谷、自然堤、贝壳堤等近四百种地貌类型。除此之外，更小一级的地貌类型在华北地区也有分布，如岩穴地貌，痕迹地貌等地貌类型也存在。据不完全统计，华北拥有巨地貌类型 2 种，大地貌类型 4 种，中地貌类型约 36 种，小地貌类型约 117 种，微地貌类型约 396 种。

2. 地貌形成原因多样

促使地貌形成的原因有很多，比如流水的搬运、沉积，风力的侵蚀、堆积，等等。华北地区拥有几乎全部成因形成的地貌类型，只有冰川地貌在华北地区没有发育。此外，华北地区的人为地貌与灾害地貌也比较典型。

3. 地貌形成年代久远

在华北地区，仍然存在中生代末期地貌。这些中生代末期地貌主要分布在五台山地（位于山西省部分）、管涔山地以及小五台山地（位于河北省部分）的顶部。在五台山地中北台顶部残留有面积 1 ha 的左右古准平原，在中台顶部也发现了面积约 2 ha 的古准平原残留。位于管涔山地顶部的荷叶坪，也发现了约 50 ha 的古准平原。在小五台山地的顶部，发现有梁状北台期夷平面残留和峁状北台期夷平面残留。

4. 不同发育阶段的地貌层层衔接

在高中山、中山、低山—丘陵的顶部分别分布着中生代末期的北台面、古近纪末期的甸子梁面以及新近纪末期的唐县面；在第四纪切割谷地中自上而下分布着早更新世的第四级阶地、中更新世的第三级阶地、晚更新世的第二级阶地、早—中全新世的第一级阶地以及晚全新世河漫滩；自山麓向海岸分别发育了中更新世洪积扇、晚更新世洪积扇形平原、晚全新世冲积扇—冲积泛滥平原和三角洲平原。不同发育阶段的地貌层层衔接，构成了华北地区典型的层状地貌。

二、在全国地貌的位置

（一）在全国地貌中占重要位置

1. 东西方向"四大地貌阶梯"中的"第二、第三阶梯"

东亚大陆从整体上来看，地势西高东低，可划分为四大地貌阶梯。第一阶梯为青藏高原，海拔 5 000 ～ 6 000 m；第二阶梯为云贵高原和山陕高原，海拔 1 000 ～ 3 000 m；第三阶梯为中国东部平原以及浅海大陆架，海拔 100 ～ -150 m；第四阶梯为西太平洋海盆（海拔 -3 000 m 以下）。华北山地处于东亚大陆"第二阶梯"山陕高原的东部边缘。华北平原与渤海海底则属于东亚大陆的"第三阶梯"。

2. 南北方向"三隆—两拗构造"中的"北拗"

我国大陆具有三个东西复杂构造带，自北向南依次分别为北纬 40° ～ 43° 的阴山—天山构造带、北纬 32° ～ 35° 的秦岭—昆仑构造带，以及北纬23°30′～26°30′的南岭构造带。三个构造带中分别有三个隆起带，依次为阴山隆起带、秦岭隆起带和南岭隆起带，在三个隆起带中间有两个拗陷带，由北向南分别为阴山隆起带与秦岭隆起带之间的北拗陷带，以及位于秦岭隆起带与南岭隆起带之间的南拗陷带。华北位于北拗陷带中。

（二）与周边地貌关系密切

1. 向北与内蒙古高原南端相接

坝缘山地，属于阴山山地，是其向东延伸的一部分，位于华北北部的冀北山地，同时也是内蒙古高原的南端。坝缘山地是一条直观重要的地理分界线，在其山地的南侧与北侧，有两种截然不同的地貌景观。

2. 向西与山陕高原的东缘相接

在华北地区西部，分布有管涔山、五台山、系舟山、太岳山、太行山等山地，同时也是山陕黄土高原的东缘。海河五大支流——三河、永定河、大清河、子牙河、漳卫南运河发源于此，因此该地的河流切割作用强烈，地形破碎、地貌复杂，交错分布着深山与峡谷。古近纪时期，曾有与现代水系不同方向的水系在此发育，因此在山脊上能够发现大量的南北向古河谷残留。海河水系正是由于第四纪初期发生过的重大水系变迁才得以形成。

3. 南部平原与黄河以南平原都属于黄河洪积—冲积平原

华北平原的南部平原，以及黄河与淮河之间的平原，曾经同属于晚更新世以来的黄河洪积—冲积大平原。由于黄河南迁，黄河的一些支流入卫河、漳河、滹沱河、沙河、唐河、拒马河，纷纷脱离了黄河，后来形成了海河水系；并且，由于黄河自身携带泥沙较多，导致河道不断抬高，最终形成了地上河，成为了划分黄河洪积—冲积大平原的分水岭，南部为黄、淮平原，北部为海河平原。从1448a开始，黄河终于停下了向海河平原发展的脚步，现在我们仍然可以在华北平原的南部平原上见到许多黄河古道以及古代修筑的人工河堤，这些都是有力的证据。

4. 东部渤海是通过黄海沟通西太平洋的内海

渤海北、西、南三面均被陆地环绕，东面被山东半岛和辽东半岛挟持为渤海海峡，位于河北平原的东部。庙岛群岛为渤海海峡与黄海的分界线。大陆架从庙岛群岛开始继续向东南延伸约达 1 km，最终进入西太平洋。因此，我们可以说渤海实际上是被黄海隔断的、与西太平洋连接的内海。

5. 东北部丘陵与辽西走廊对接

海拔 500 m 以下的丘陵——唐县期高山麓剥蚀面和湟水期低山麓剥蚀面位于华北的东北部，与辽宁省西部兴城、绥中一带的丘陵同属一个大地构造单元和一个地貌区，即山海关隆起和辽西低山与丘陵区，习惯上称其为辽西走廊。

第二节　华北地区地貌环境

大地构造与地层岩性控制、制约着华北地区的地貌格局，同时，渤海海盆在垂直和水平两个方向也影响着华北地貌。

一、区域展布受大地构造控制

历史上，有三次大地构造运动对华北地貌的形成起决定性作用。第一次在早侏罗世，太平洋板块增生并俯冲东亚大陆，导致东亚大陆地壳拱起，华北地台在此时形成。第二次在晚侏罗世到早白垩世，太平洋板块再一次向西俯冲东亚大陆，华北地台发育了左旋转换断层，造成应力松弛，形成了第一隆起带（以大兴安岭—太行山地为代表）以及第二沉降带雏形（以松辽—华北盆地为代表）。第三次在始新世—渐新世，太平洋板又一次向西扩张，这一次产生了右旋张扭，终于在第四纪初期，北北东向断裂拉张，发育成了晋中—冀西北断陷盆地。之后，山地向上抬升，河流的切割作用强烈，形成了切割谷；盆地下降，接受巨厚沉积，形成了大平原，华北地区现代地貌格局奠定。

二、受地层岩性制约的分布走向

位于桌状抬升的内蒙古高原边缘的冀北坝缘山地，呈东西走向；燕山山地与燕山穹形隆起背斜一致，最高山脊与隆起一翼的坚硬岩层有关；北东—南西走向的太行山地与太行山复式大背斜一致，最高山脊也与隆起一翼的坚硬岩层有关。

三、在水平方向上呈半圆形环渤海分布

在水平方向上看，华北地貌环绕着渤海盆地呈半圆状分布。位于内圆区域的有两大平原，分别是豫北－冀中南平原和北京冀东平原。豫北－冀中南平原位于渤海西部，北东走向；北京－冀东平原位于渤海北部，东西走向。位于中圆区域的是太行山地和燕山山地。前者位于渤海西部，北东走向；后者位于渤海北部，东西走向。位于外圆区域的是山西高原和内蒙古高原。山西高原位于渤海西部，南北走向；内蒙古高原位于渤海北部，东西走向。华北地貌这种环绕渤海分布的地貌格局，对气候、降水、土壤、植被等其他自然要素的分异具有强烈的区位控制作用。

四、在垂直方向上呈阶梯状向渤海盆地下降

无论是在南北方向还是在东西方向上，华北地貌都呈现出了阶梯状向渤海盆地下降的状态。在南北方向上，从北向南，由高到底依次为内蒙古高原（海拔 1 500 ～ 1 700 m）、燕山山地（海拔 1 000 ～ 1 500 m）、冀东平原（海拔 50 ～ 0 m），最后为渤海盆地（海拔 0 ～ -80 m）；在东西方向上，由西向东，从高到低，依次分别为山西高原（海拔 1 500 ～ 2 800 m）、太行山地（海拔 1 000 ～ 2 000 m）、冀中南平原（海拔 100 ～ 0 m），最后到渤海盆地（海拔 0 ～ -80 m）。

第三节 山地地貌特征

华北山地地貌是指以基岩出露为主的地形波状起伏的地貌，也就是坝缘山地以南，海拔在 3 000 ～ 100 m（注，燕山山地南麓较为特殊，海拔只有 50 m，也包括在内）的地貌。其中，七成左右为岩石出露的山地，有三成为第四纪松散物质覆盖的谷地和盆地。

在华北地区，主要有四大山地：分别是冀北山地—管涔山地、燕山山地—恒山山地、系舟山—太岳山地以及太行山地。冀北山地—管涔山地，海拔 2 200 ～ 1 500 m。冀北山地基本呈北东东向，管涔山地呈南西向。东北方向是大兴安岭，西南方向是吕梁山地，研究区内长约 700 km。燕山山地—恒山

山地，海拔 3 000～1 400 m。燕山山地基本呈东西向，恒山山地呈南西向。向东为努鲁儿虎山，向西为五台山，研究区内长约 800 km。系舟山—太岳山地，海拔 2 200～1 100 m。系舟山—太岳山地基本呈南北向，向北为五台山，向南为长治（东支），研究区内长约 450 km。北北东—南南西向的太行山地，海拔 2 900～1 500 m。向北为小五台山，向南为黄河北岸，研究区内长约 600 km。主要有八大堆积谷地和五大盆地。河流堆积谷地主要有滦河、潮白河、永定河、拒马河、唐河、沙河、滹沱河、漳河八大谷地。盆地主要有延庆—怀来、大同—阳原、蔚县、忻州—原平、长治五大盆地。

一、基本特征

从前面的介绍我们可以看出，华北山地地势总趋势为西部、北部高，东部、南部低。山势走向的总趋势为：北部以东西向为主，西部以南北向为主，西北部介于二者之间，以南西—北东向为主。河流流向的总趋势为：北部以南北向为主，西部以东西向为主，均横穿山地。华北山地地貌可概括出以下五大特征。

1. 山地与盆地相间的地貌格局

以北京、涞源、五台一线为分界线，其北统称为北部间山—盆地地貌，其南统称为西部间山—盆地地貌。北部间山—盆地地貌中，由北向南，依次分别为冀北山地，滦平—承德盆地，燕山山地，冀北山地，洋河—宣化盆地，熊耳山—大海坨山地，阳原—怀来盆地，六棱山—黄花梁山地，蔚县盆地，恒山山地。西部间山—盆地地貌中，由西向东依次分为别，吕梁山地，滹沱河上游—汾河盆地，五台山—系舟山—太岳山山地，盂县—阳泉—长治盆地，太行山地。如果单独以太行山来看，由东北向西南依次分别为北端小五台山，灵丘—涞源—灵山盆地，太行山地北段五台山，阳泉—井陉盆地，太行山中段山地，涉县—武安盆地，太行山南段山地，可以清晰地发现山地与盆地类似串珠式样的相间分布。

2. 地势中间高、四周低

位于华北山地中部的五台山与小五台山海拔最高，分别为 3 062 m 和 2 880 m。其四周地势逐渐降低，呈明显放射状。在西南方向上，为海拔

2 100～1 100 m的系舟山至太岳山一线；向南为海拔2 200～1 400 m的太行山；向东为海拔2 200～1 200 m北京西山、军都山、燕山一线；东北方向上为海拔2 100～1 500 m的大海坨山、大马群山、七老图山一线；向北为海拔2 200～1200 m的恒山至熊耳山一线；在西北方向上为海拔2 200～1 100 m的云中山、管涔山、洪涛山一线 。五台山、小五台山分别是两个山结。

3. 远离五台山—小五台山的河流流路

在华北山地，由于五台山—小五台山呈穹形隆起，并且隆起的幅度较大，因此华北山地的各大河流，均远离五台山—小五台山。以五台山—小五台山为界，以南的河流均向南凸出，以北的河流均向北凸出，以东的向东凸出。比如，位于五台山—小五台山以南的唐河与拒马河，均是先向南流，再向东流，再转为东北流。又如，位于五台山—小五台山以北的桑干河与洋河，均是先向北流，再向东流，在永定河交汇后再流向东南。再如，位于五台山—小五台山以东的潮白河，先向南流，再向东流，最后向南流。

4. 人为地貌镶嵌其间

随着科技的进步，人口的增多，人类活动对地貌的影响越来越大。比如人类修筑万里长城，从战国时期到明朝，长城的长度在不断加长，工程越来越大。明、清时期，由于人们大兴土木，修筑各种建筑，对森林的滥砍乱伐越来越严重，导致地表侵蚀、剥蚀也更加严重。到了20世纪50—60年代，十年间仅华北地区修建的大、中、小型水库多达两千余座，各河流支流上有不计其数的小塘坝，人们在山坡上开垦土地，破坏林地和草地改为农田，进一步加重了水土流失。从20世纪80年代开始，华北地区开山取石，开设了数千采矿点。诚然，这些人类活动为国民经济建设贡献了许多力量，使人们的生活得到了改善，但这些活动对自然环境的破坏也是不容忽视的。

5. 造景地貌类型齐全

在华北山地，具有非常丰富的岩石造景地貌，它们成因各异，形态独特，非常适合开发为旅游景点。这些岩石造景地貌浑然天成，不经雕饰，相较于人工造景别有一番风味，近年来越来越受到人们的喜爱。据初步估计，在华北地区，地貌旅游景点约两百处，促进了华北地区经济的发展。同时，人为因素也增加了景点地区的环境负担，对造景地貌造成了一定的破坏。

二、地貌分区及主要地貌类型

（一）地貌分区

华北山地地貌，在整个华北地貌的划分中，具体属于华北山地区（Ⅱ）。又包括七个亚区：

Ⅱ$_1$：冀北侵蚀—剥蚀中山—低山亚区；

Ⅱ$_2$：晋东北、冀西北构造—侵蚀中山—盆地亚区；

Ⅱ$_3$：晋北堆积—侵蚀丘陵—台地亚区；

Ⅱ$_4$：燕山侵蚀—剥蚀低山—丘陵亚区；

Ⅱ$_5$：五台山、恒山构造—侵蚀中山亚区；

Ⅱ$_6$：太行山侵蚀—剥蚀中山—低山—丘陵亚区；

Ⅱ$_7$：太岳山侵蚀—剥蚀中山—低山—丘陵—盆地亚区。

1. 冀北侵蚀—剥蚀中山—低山亚区（Ⅱ$_1$）

冀北侵蚀—剥蚀中山—低山亚区，北起坝缘山地，南至尚义、张家口、延庆、丰宁、平泉 线范围内的山地。在这一区内由西向东，依次为大青山、香炉山、大马群山、石桌子山、大光顶子山、七老图山。海拔为2 000～1 000 m，最高山为东猴顶，海拔2 293 m，呈北东东走向，其山坡南倾，有数条南北向谷地中的河流，构成了洋河、潮白河、滦河各支流的上、中游。

2. 晋东北、冀西北构造—侵蚀中山—盆地亚区（Ⅱ$_2$）

该区是指北起山西朔州、大同，河北尚义、张家口一线，南至山西浑源、河北蔚县一线范围之内的山地和盆地。由北向南依次为：洋河—宣化盆地，熊耳山—西高山山地，阳原—怀来盆地，六棱山—黄花梁疙瘩山地，蔚县盆地。是典型的由断块山地和断陷盆地组成的间山—盆地地貌。山地海拔1 400～2 000 m，溜冰台为该区最高山，海拔2 056 m；盆地海拔500～1 000 m，妫水河与洋河交汇处为最低盆地，海拔470 m。

3. 晋北堆积—侵蚀丘陵—台地亚区（Ⅱ$_3$）

晋北堆积—侵蚀丘陵—台地亚区东起朔州、大同、尚义一线。该区地貌形态较多，有中山、低山、丘陵、台地、黄土地貌等，地貌也比较复杂。比如，位于该区东缘的洪涛山和大梁山两座中山，呈南南西—北北东走向，海拔1 500～1 600 m，东坡受到流水切割，深度超过了500 m，山麓是与御河河谷平原相接的一断裂；位于该区西缘的为管涔山，呈南北走向，海拔1 500 m左右。管涔山的中间是一个河谷盆地，较为宽广，由若干丘陵和台地组成。丘陵海拔在1 200～1 300 m，台地的切割深度低于500 m。此外，在管涔山山脊仍残留有较低的唐县期宽谷。

4. 燕山侵蚀—剥蚀低山—丘陵亚区（Ⅱ₄）

燕山侵蚀—剥蚀低山—丘陵亚区是北起丰宁、平泉一线，南至怀柔、蓟县、丰润、滦县一线范围内的山地，也就是燕山山地，海拔绝大多数在1 000～500 m，极少数在1 000～15 00 m，最高山海拔2 115 m（雾灵山）。由于燕山山地的河谷受到南北向河流的切割作用，因此燕山山地的河谷均是嵌入曲流峡谷，这也是该区地貌的特别之处。

5. 五台山、恒山构造—侵蚀中山亚区（Ⅱ₅）

五台山、小五台山构造—侵蚀中山亚区，是指山西浑源、河北蔚县一线向东南至河北涞源、阜平，山西盂县一线范围内的山地。该地区由北向南依次为小五台山、恒山、五台山、系舟山，海拔在1 500～3 000 m，最高山海拔有3 061 m。该区是华北地区自古近纪、新近纪以来隆升幅度最大的断块山地，垂直断距达1 000 m以上，断层为三角面，有大量的悬谷、谷口冲出洪积扇、洪积台地等。同时，本区也是华北山地北台期山地夷平面、甸子梁期山地夷平面发育最好、保存最好的地区，可以更好地在此区研究华北地貌的发育史。

6. 太行山侵蚀—剥蚀中山—低山—丘陵亚区（Ⅱ₆）

太行山侵蚀—剥蚀中山—低山—丘陵亚区即太行山地，以滹沱河为界，滹沱河以北的山地呈北东走向，滹沱河以南的山地呈南北走向。该地区山地海拔在2 200～1 100 m，最高山为东灵山，海拔2 303 m，驼梁的海拔仅次于东灵山，为2 281 m。该地区与燕山山地都是第四纪以来隆起速率与幅度最大的山地，在该地区发育有唐县期夷平面和嵌入曲流峡谷。

7. 太岳山侵蚀—剥蚀中山—低山—丘陵—盆地亚区（Ⅱ₇）

该区位于华北山地的东南部，包括太岳山地及其东侧的长治盆地，盆地东缘以断裂的形式与太行山地接触。由太岳山中山山地向东海拔逐渐降低，为黄土覆盖的低山及丘陵，到了盆地底部，是遭受切割后破碎的黄土台地。盆地的南缘还残留有数个唐县期古宽谷。

（二）主要地貌类型

根据地貌成因的不同，可将华北山地地貌划分为构造-侵蚀地貌类（A）、侵蚀-剥蚀地貌类（B）、侵蚀-堆积地貌类（C）、堆积-侵蚀地貌类（D）和堆积地貌类（E）五种地貌类型。

1. 构造-侵蚀地貌类（A）

这一类地貌的成因主要为块状抬升，其次为侵蚀—剥削，山地两侧或者一侧有断裂围限，在山顶处残留有保存较好的（塬状、梁状或台状）夷平面。按照《中国地貌区划》一书中划分山地的标准来看，该类地貌类型中包括了海拔 3 000 ～ 1 000 m、切割深 1 000 ～ 500 m 的中山地貌，以及海拔 1 000 ～ 500 m、切割深 500 ～ 200 m 的低山地貌。

（1）构造-侵蚀中山亚类（A₁）

构造-侵蚀中山亚类，海拔在 2 200 ～ 3 061 m，切割深度大于 1 000 m。主要由早元古代变质砾岩、侏罗纪凝灰岩和早古生代可溶岩组成。这类山地主要包括五台山、小五台山和熊耳山、六棱山、恒山、系舟山。在山地的北麓或西北麓，有高差为 1 000 ～ 1 800 m 的断层崖；在山顶处，发育和保存了塬状、梁状、台状的北台期夷平面和甸子梁期夷平面。其中，塬状夷平面的保存面积较大。比如塬状北台期夷平面的面积达到了 1 km²，而塬状甸子梁期夷平面的面积可达 36 km²。主要山峰有海拔 2 882 m 的小五台山、海拔 2 420 m 的西灵山、海拔 2 303 m 的东灵山、海拔 2 521 m 的茶山、海拔 2 172 m 的孤山、海拔 2 306 m 的摆宴坨、海拔 2 158 m 的西甸子梁、海拔 2 190 m 的天峰岭、海拔 3 061 m 的五台山、海拔 2 286 m 的歪头山、海拔 2 018 m 的白石山以及海拔 2 281 m 的驼梁。

（2）构造-侵蚀低山亚类（A₂）

构造-侵蚀低山亚类地貌成因以构造抬升为主，外力作用其次。海拔为

1 000～500 m，切割深为 500～200 m。主要由太古代片麻岩、中—晚元古代砂岩和早古生代可溶岩组成。该亚类地貌主要指太行山中、北段中山东侧（赞皇大背斜东翼）的山地，西侧为鸟龙沟—紫荆关深断裂带。在山地的顶部有唐县期夷平面残留。主要山峰有海拔 1 307 m 的上寺岭、海拔 1 397 m 的大苏山、海拔 1 121 m 的云蒙山、海拔 1 284 m 的五峰寨、海拔 1 025 m 的狼牙山、海拔 1 130 m 的白草坨、海拔 1 043 m 的青峰顶、海拔 1 039 m 的三孟山等。

　　2. 侵蚀－剥蚀地貌类（B）

　　侵蚀－剥蚀地貌类成因主要为斜升或穹升，以外力侵蚀、剥蚀为主导，为不受断层围限的山地。按照不同的山地类型，又可划分为侵蚀－剥蚀中山（B_1）、侵蚀－剥蚀低山（B_2）、侵蚀－剥蚀丘陵（B_3）和侵蚀－剥蚀台地（B_4）四个亚类。

　　（1）侵蚀－剥蚀中山亚类（B_1）

　　侵蚀－剥蚀中山亚类主要分布于大海坨山、大马群山、七老图山地区，多数山地海拔在 1 000～2 000 m，有少数山地海拔为 2 100～2 200 m，如的东猴顶，海拔 2 293 m；冰山梁，海拔 2 211 m；桦皮岭，海拔 2 129 m；大海坨山，海拔 2 241 m。该亚类山地主要由中生代火成岩与太古代片麻岩构成。在该亚类山地中，山地的顶部都较好保存着梁状甸子梁期夷平面，而在燕山主脊以及主脊北侧的山地上，只有零星梁状甸子梁期夷平面分布着。在太行山南段也有小面积梁状甸子梁期夷平面分布，如黄庵垴、不老青山、青岩寨、阎王鼻等。

　　（2）侵蚀－剥蚀低山亚类（B_2）

　　侵蚀－剥蚀低山亚类主要分布于承德盆地与滦平盆地中，大多数山地海拔在 500～1 000 m，少数山峰可达 1 000～1 500 m，如大黑山，海拔 1 375 m；二道沟梁尖，海拔 1 143 m；四道窝铺，1 432 m，等等。切割深度为 300～500 m。该亚类山地主要由太古代片麻岩和中生代火成岩组成。大多数山地都呈浑圆状或者平台状，构成了滦平—承德盆地的底部。山地的顶部有保存良好的梁状唐县期夷平面。在张家口与尚义之间的坝缘山地南坡，是由太古代片麻岩、中侏罗世火成岩和晚白垩世砂砾岩组成的侵蚀—剥蚀低山亚类山地地貌。在其北部边缘与北界与坝缘山地脊部的汉诺坝玄武岩台地呈断层接触。在其顶部怀疑有北台期夷平面残留。在太行山南段，也有该亚类分布，主要由中元古界砂岩、上元古界砂岩和早古生界灰岩组成。其中，以井陉—阳泉和涉县—黎城二地面积最大，并且有保存较为良好的唐县期夷平面残留。由于没有中山的阻挡，这两处成为了沟通河北与山西两省的重要通路。

（3）侵蚀-剥蚀丘陵亚类（B_3）

侵蚀-剥蚀丘陵亚类主要为低位丘陵，大多分布于太行山东麓以及燕山南麓。分布于太行山东麓的丘陵，海拔 100～500 m，呈南北向条带状，全长 400 km，宽 10～50 km。将其进一步详细划分，又可分为海拔 300～500 m，切割深度 100～200 m 的高丘，以及海拔 100～250 m，切割深度小于 100 m 的低丘。高丘的顶部残留有唐县期高山麓剥蚀面，低丘的顶部残留有平山期低山麓剥蚀面。分布于燕山南麓的丘陵，海拔 20～500 m，呈东西向条带状。全长约长约 300 km，宽 30～50 km。如果将其再进一步详细划分，又可分为海拔 300～500 m，切割深度 100～200 m 的高丘，以及海拔 20～250 m，切割深度小于 100 m 的低丘。与分布于太行山东麓的高丘一样，分布于燕山南麓的高丘顶部也存在唐县期高山麓剥蚀面。位于山海关、秦皇岛以北的低丘，在其顶部存在平山期低山麓剥蚀面残留。在丰润县以北的低山麓面上，我们还发现了典型的中更新世曲流河道残留。

在该亚类中，我们能够明显地发现，在宽段丘陵地带，高丘陵面和低丘陵面均有发育，且均有太古代片麻岩分布；而在窄段丘陵地带，只发育了高丘陵面，且均有中—晚元古代砂岩或早古生代灰岩。

该亚类地貌类型的山麓面都呈扇形向山区收缩，逐渐变窄。高山麓面会过渡到河流谷地内的盘状宽谷面，低山麓面会过渡到第三级"U"型宽谷面。高山麓面的前缘为陡崖或陡坡，这些陡崖或陡坡会与低山麓面或平原接触。多数低山麓面的前缘会倾没于山前洪积扇形平原之下，只有山海关与秦皇岛地区的低山麓面的前缘会过渡为海蚀台地。

值得注意的是，在北京市、天津市、河北省等有喀斯特洞穴分布，如临城白云洞，曲阳聚龙洞，涞水鱼谷洞，北京房山云水洞、石花洞，天津蓟县八仙洞等，这些洞穴也都属于该地貌类型，全都形成于唐县期夷平面形成的相同时期，属于溶洞及溶洞内堆积。

（4）侵蚀-剥蚀台地亚类（B₄）

该亚类地貌主要分布于阳原、蔚县、怀来古湖盆周边的山麓地区。该亚类地貌主要为湖蚀台地和湖积台地。湖蚀台地按照海拔不同还可进一步划分为两级，即海拔 1 150 ～ 1 170 m 为一级，海拔 1 100 ～ 1 130 m 为一级。华北地区的湖蚀台地面积都比较小，多数面积仅为几十平方米，仅有个别湖蚀台地的面积能够达到上百平方米，甚至数百平方米。与湖蚀台地不同，湖积台地的面积通常比较大，发育也较好。湖蚀台地主要为山前洪积扇受流水侵蚀—切割而成，因此湖蚀台地都是沿着山麓或者河流的出山口的两侧发育，呈长条状。长度能够达到 10 ～ 20 km，宽度可达 30 ～ 50 m，陡坎高可达 8 ～ 15 m。

3. 侵蚀-堆积地貌类（C）

侵蚀-堆积地貌类包括两个亚类，分别为侵蚀-堆积谷地亚类（C₁）和侵蚀-堆积盆地亚类（C₂）。

（1）侵蚀-堆积谷地亚类（C₁）

侵蚀-堆积谷地亚类主要发现于河流的谷地内，主要由河床、河漫滩以及高出河床 5 ～ 200 m 的阶地组成。绝大多数流经太行山以及燕山主脊地段的河床都属于基岩出露河床，宽度较窄，有的河床宽仅 10 ～ 20 m，下切较深，可达 5 ～ 10 m，例如，治河在娘子关段。其余地段的河床均为较宽阔的堆积河床。按照河床阶地高度的不同，可划分为四级：第一级阶地为高出河床 5 ～ 10 m 部分，属于堆积阶地，可向下延伸到山前洪积扇体内的切割谷地中；第二级阶地高出河床为 20 ～ 50 m 部分，属于基座阶地，基岩面上的厚层砂砾石堆积到出山口外变成山前洪积扇堆积；第三级阶地为高出河床 80 ～ 100 m 部分，属于基座阶地，与第二级不同，第三级的基岩面上覆盖着红色黄土夹杂着砾石层，在山麓地区则堆积在平山期低山麓面上，其前缘变成为被晚更新世的山前洪积扇埋藏于地下的洪积扇。由于后期又受到侵蚀—剥蚀，堆积在低山麓面上的红土砾石层基本被破坏殆尽，只在盆地内仍有少部分残留；第四级阶地高出河床为 150 ～ 200 m 部分，大部分属于侵蚀阶地，主要以谷肩的形式残存，在个别处仍然有少量的灰白色砂砾石残留。

（2）侵蚀－堆积盆地亚类（C_2）

侵蚀－堆积盆地亚类地貌主要为海拔 1 000～500 m 的盆地。根据成因不同，该亚类又可划分为三种类型，即拗陷盆地、宽谷盆地以及断陷盆地。拗陷盆地和宽谷盆地地形宽且浅，相对高差在 200 m 到 500 m，平缓地向周边山地过渡。由于盆底下受到河流切割，形成了谷地。拗陷盆地如滦平—承德盆地和阳泉盆地；宽谷盆地如洋河—宣化盆地和武安盆地。断陷盆地地形宽平，地势深峻，相对高差比较大，可以达到 500 m 到 1 000 m。向周边山地的过渡急剧，多为断裂接触，如蔚县盆地与蔚南山地。蔚县盆地底部海拔为900 m，蔚南山地海拔 2 200～2 800 m，相对高差达到了 1 300～1 900 m，二者为典型的断裂接触。崖壁陡峭险峻，坡度达到 70°～80°，谷口洪积锥悬挂垂吊于崖壁之上，可见构造地貌的险峻、雄壮。

4. 堆积－侵蚀地貌类（D）

堆积－侵蚀地貌类（D）包括堆积－侵蚀丘陵亚类（D_1）和堆积－侵蚀台地亚类（D_2）。

（1）堆积－侵蚀丘陵亚类（D_1）

堆积－侵蚀丘陵亚类主要指黄土地貌。华北的黄土虽然分布的面积不大、厚度较薄，属于黄土高原边缘带黄土，但原生黄土（风成黄土）与次生黄土（水成黄土）均有分布，地貌类型比较齐全。

原生黄土主要分布在 3 种地面上。一是山地西北坡的山麓地带，呈披盖式分布，厚度自山麓向山腰渐薄，如熊耳山地、太行山地西麓。二是唐县期夷平面和第四、第三、第二级阶地面上，呈平铺式分布，厚度可达10～20 m。三是拗陷盆地、宽谷盆地及古近纪或新近纪构造盆地，如右玉—平鲁、怀安、阳泉—盂县、井陉、涞源、灵山、长治盆地内和平泉县北部，呈平铺式分布，厚达 30～50 m。这些较厚层的黄土被冲沟切割，少数顶部还保持着塬状、梁状、峁状的平台状，但多数已被切割破碎，形成了众多相对高差达 30～50 m、浑圆状的丘陵地貌景观。

（2）堆积－侵蚀台地亚类（D_2）

堆积－侵蚀台地亚类指甸子梁期夷平面上厚度不超过 0.5 m 的薄层黄土，

阳原、蔚县、怀来盆地内、河流两侧有厚度小于 10 m、平铺式黄土覆盖的湖积台地，以及有次生黄土覆盖的山前洪积扇和河流第一级阶地，除湖积台地和第一级阶地前缘被冲沟切割形成了梁状台地、峁状台地，乃至塔峰、残丘外，其他地区仍保持着平坦而宽阔的台地状。尤以阳原、蔚县、怀来盆地内的湖积台地最为典型，在大海坨山、熊耳山地南麓，六棱山及西大山的南、北两麓，以及蔚县南山、八达岭的北麓，断续长达数十千米，宽一般 3～5 km，最宽可达 10 km，是当地村落、农田的主要基地。只在台地面后缘被沟口砂砾石洪积扇覆盖，地面坡度 1/30～1/70，显示出无人、荒凉的地貌景观。

华北地区上述四个中地貌类型中的小、微地貌主要有以下类型。

构造地貌中的断裂地貌包括断层崖与断层三角面、断层谷、断块山、断陷盆地。褶皱地貌包括背斜山、向斜山、单斜山、背斜谷、向斜谷、拗陷盆地及拗陷—断陷盆地。

层状地貌包括塬状北台期夷平面、梁状北台期夷平面、台状北台期夷平面、北台面蚀余山、塬状甸子梁期山地夷平面、梁状甸子梁期山地夷平面、台状甸子梁期山地夷平面、甸子梁面蚀余山，唐县期河源盆地面、唐县期盘状宽谷面、唐县期山麓剥蚀面。

山地地貌的山体地貌包括山岭、山脉、山结、山块、山峰、山鞍、山坡、山谷、山嘴、山口。其中，山岭地貌包括分水岭、分水线、圆顶山、平顶山、尖顶山、锥状山；山坡地貌包括直形坡、凸形坡、凹形坡、阶状坡；山谷地貌包括顺向横穿谷、逆向横穿谷、纵向谷与嵌入曲流谷。

河流地貌包括河流侵蚀地貌和河流堆积地貌。

河流侵蚀地貌包括冲沟地貌中的纹沟、细沟、浅沟、切沟、冲沟和坳沟；河床地貌中的裂点、岩槛、岩坡床、瀑布崖、冲击潭，辫状河道，顺直河道；峡谷地貌中的隘谷、嶂谷、"V" 型峡谷和 "U" 型宽谷。河流堆积地貌包括辫状河道中的边滩、心滩，顺直河道中的漫滩，阶地、沟口冲出锥、山麓洪积裙、洪积台地、谷口洪积扇。

喀斯特地貌中主要是喀斯特溶蚀地貌，包括地表溶蚀正地貌中的峰丛、峰林、溶台、溶崖，残峰、残丘和负地貌中的落水洞、漏斗、竖井、裂隙谷、盲谷、波立谷、喀斯特天生桥、喀斯特盆地和喀斯特平原，以及地下溶蚀地貌中的各种洞穴——水平洞穴、垂直洞穴。喀斯特洞穴中的堆积地貌主要有滴水沉积的石钟乳、石笋、石柱；渗透水沉积的石榴、石葡萄、石盾、石珊瑚、石花、石枝；流水沉积的石帘（石帷幕）、石瀑、石壁壳、石幔、石钩，平流水沉积的边石坝、石梯田、双色瀑；飞溅水沉积的云盆、石毛；停滞水水下沉积的水下石葡萄、穴珠（石珍珠）、石灯、月奶石、晶花（琼花）、水下多层石花（水下三棱晶）、泥林；以及沙雕景观等。

风沙地貌中的风蚀地貌包括风蚀蘑菇、风蚀柱、风蚀残丘、风蚀水平面石和石旮、风动石，风蚀洼地、风蚀劣地、风蚀天生桥。风积地貌包括平铺沙地、披盖沙地、新月型沙丘、金字塔形沙丘。

古冰缘地貌包括雪蚀洼地、冰冻风化石块、石海、龙翻石、石河。

湖泊地貌包括湖蚀崖、湖蚀台地、湖心岛。

古湖泊地貌包括古湖蚀崖、古湖蚀台地、古湖积台地、古湖滨三角洲，以及古湖积台地被侵蚀切割后形成的梁状台地、串珠状台地、方山状台地、柱状台地、峰林、残峰、残丘等土林地貌。

砂岩、砂砾岩地貌包括赤壁丹崖、阶梯状长崖、断墙、方山、台柱、塔峰、残峰、残丘等正地貌类型，以及裂隙谷、瓮谷、围谷、岩廊、豁口、天生桥、石峰等负地貌类型。

花岗岩地貌包括蛋石、蘑菇石、羊背石、峰林、峰林状高丘、峰林状低丘、花岗岩长墙。

片麻岩地貌包括圆形山丘、天生桥瀑布、天生桥。

黄土地貌包括细沟、浅沟、切沟、悬沟、河沟和黄土塬、黄土梁、黄土峁、黄土墙、黄土柱与黄土塔、黄土堞、黄土陷穴和黄土天生桥。

三、特色地貌

河北山地的特色地貌主要有构造地貌、河流地貌、岩石地貌、火山地貌、冰缘地貌、土林地貌、岩穴地貌和人为地貌。

（一）构造地貌——山地夷平面与断陷 - 拗陷盆地

夷平面是残存在山地顶部平坦或波状起伏的地面，是地壳构造—地貌旋回终结的地面。其中，长、宽均超过 1 km，形状呈方形或圆形者叫塬状夷平面；

宽度小于 1 km，长度大于 1 km，形状呈条形者，叫梁状夷平面；长度、宽度均小于 1 km，形状呈圆形者叫峁状夷平面。有的夷平面位于山麓处，叫山麓剥蚀面。

1. 山地夷平面

华北山地有三级山地夷平面、一级山麓剥蚀面。三级山地夷平面分别是形成于中生代末期的北台面、形成于古近纪末期的甸子梁面，以及形成于新近纪末期的唐县面。北台面在五台山地的北台、中台顶部仍有残留，为塬状夷平面；由北台至东台长 5 km 的山顶和小五台山由东台至中台长 8 km 的山顶，为梁状夷平面；五台山的西台、南台和小五台山的西台、南台、茶山顶部为台状夷平面。

甸子梁面是河北省科学院地理科学研究所 1996 年发现并命名的夷平面，命名地是蔚县西甸子梁面积约 6 km×6 km 的塬状面，故称甸子梁期夷平面。在东甸子梁、北甸子梁为面积较小的塬状面；在赤城冰山梁、丰宁大刘八岔山、平顶山为梁状夷平面，坝缘山地的围场县境内，有一段宽 100～300 m，长达 15 km 的梁状夷平面，其他如驼梁、嶂石岩、系舟山、林虑山的顶部均为梁状夷平面；台状夷平面则比比皆是，如东猴顶、桦皮岭、孤山、摆宴坨、歪头山、白石山、雾灵山等。

唐县期夷平面在坝上高原保存完整，为海拔 1 400～1 500 m 的高原面——塬状夷平面，尤其张北汉诺坝玄武岩台地面最为典型；该面在太行山遭到断裂解体，在燕山遭到穹形变形，因而又构成了低山顶部和丘陵顶部两个面，主要为梁状、台状夷平面，因属于上新世时期的山麓部位，所以也叫山麓剥蚀面。

一级山麓剥蚀面，是中更新世末期的湟水期山麓剥蚀面。又因其高度（海拔 250～100 m，秦皇岛、山海关海拔 250～30 m）比唐县期山麓剥蚀面（海拔 1 000～400 m）低，故又称唐县期山麓面为高山麓剥蚀面，平山期山麓面为低山麓剥蚀面。

所以，华北山地实际上有四期、五个海拔的地貌面。它们上、下层层叠置，各层地貌面之间都有山坡梯地相接，构成了典型的层状地貌。

2. 断陷－拗陷盆地

断陷盆地是周边或两侧为断层崖围限的古代湖泊，后来湖泊干涸遗留下来的低于周边山地 300—1 000 m 的低地。有古近纪、新近纪断陷盆地，如将军庙盆地、涞源盆地、灵山盆地，盆地中埋藏着湖相物质和煤炭资源；有第四纪断陷盆地，如怀来、大同—阳原—蔚县、原平—忻州盆地。湖盆底部沉积了厚层的湖相层。湖泊干涸后又被河流切割，形成了古湖积台地，所以，无论在地质上，或地貌上，断陷盆地构成了中国北方独特的地貌景观。

大同—阳原—蔚县盆地中的湖积台地，仍有大面积塬状台地保留，前缘被切割分别形成梁状台地、峁状台地。切割更甚者，形成了台柱、塔峰等土林地貌，构成了地貌中的又一独特景观。台地剖面中，水平层理发育，黄色、绿色相间的地层像古籍一样，一页一页地记载着古湖的形成发展演化史。

山西省东南部的太岳山东支与太行山南段间为长治拗陷盆地，晚更新世至早更新世蓄水成湖。早更新世末、中更新世初湖水外泄，湖泊消失，浊漳河构成了漳河一支流。

（二）河流地貌——叠置谷、河流阶地与古河谷

1. 叠置谷

与山地夷平面的表现形式相似，在华北地区古近纪—新近纪形成的河流谷地中是三套不同谷型叠置的河谷，叫叠置谷，分别是上部的盘状宽谷，中部的"U"型宽谷，下部的"V"型峡谷。上部的盘状宽谷与高山麓剥蚀面的形成时代相当，是山麓剥蚀面在河流谷地中的表现形式。该宽谷在河流源头地区为河源盆地面，在分水岭上，以垭口（古河谷）的形态与另一条河流谷地相接。在坝缘山地形成了风口，在太行山地形成了古道——"太行八陉"。在第四纪谷地中，分别是上部"U"型宽谷，下部"V"型峡谷两套谷型重叠的叠置谷。"U"型宽谷出山口后，有喇叭状的山麓面发育，构成了海拔 250～100 m 的低山麓剥蚀面，面上有高山麓剥蚀面的蚀余山地残留，如平山县城北的东、西林山，以及二山地之间的"U"型宽谷，谷口以下堆积了红土砾石洪积扇。"V"型峡谷是晚更新世以后的切割谷。

2. 河流阶地

河流阶地是形成在河流谷地中河床两侧、沿河流方向延伸的阶梯状地貌。华北地区普遍有 4 级河流阶地发育，自上而下，分别是早更新世第四级阶地，中更新世第三级阶地，晚更新世第二级阶地，早—中全新世第一级阶地。阶地面高出河床分别是 150～200 m、80～100 m、20～50 m、5～10 m。其中，第四级阶地面积较小，分布零星，且仅以谷肩的形式残留在谷坡上，多为剥蚀阶地，少数有灰白色黏土砾石和薄层黄土堆积；第三级阶地较宽广，如果将两侧阶地面相连接，为一典型的"U"型宽谷，阶地面上有厚层红黏土砾石、红色黄土及黄土堆积，是基座阶地；第二级阶地也比较发育，为基座阶地，基岩面上有厚层砂砾石堆积，砾石大小混杂，磨圆、分选较差，有大型槽状层理和爬升层理，含黏土块、树干和以披毛犀 - 纳玛象为主的哺乳动物、鸵鸟蛋化石，上覆厚层黄土；第一级阶地为堆积阶地，由底部的砂砾石和上部的亚砂土（冲积黄土）组成，山麓和山前洪积扇地区的第一级阶地上，亚砂土逐渐被暗色含淤泥的亚黏土代替，表明中全新世气候的温暖湿润，以及高海平面海水顶托、河水溯源沉积的结果。另外，还有晚全新世形成、由砂砾石和亚砂土组成的河漫滩。

3. 古河谷

华北山地保留有大量古河谷，以古近纪、新近纪、中更新世三期古河谷最为典型。古近纪古河谷在五台山、小五台山周边地区以盘状宽谷的形式残存，海拔 2 300～2 200 m，往下与甸子梁期夷平面衔接。洋河海拔 1 500 m以上的古河谷宽达 10～20 km。仍保存在蔚县西甸子梁夷平面上的古河谷，长约 2 km，宽约 1.5 km，深度小于 50 m。

在五台山台怀盆地内，尚存新近纪上新世古河谷，以海拔 1 900～1 800 m 的盘状宽谷形式残存。在分水岭地区以垭口形式残留，如长治南的西火垭口，太原北的石岭关垭口，蔚县定安河源头的大堡垭口、北京的八达岭垭口，围场蚂蚁吐河源头的狼窝梁垭口和熊耳山地中的辛窑子、称达沟、李家沟、席麻沟等古宽谷。滦河、潮白河、桑干河、永定河、拒马河、唐河、沙河、滹沱河、漳河谷地内的盘状宽谷，往下游与唐县期山麓剥蚀面衔接。现在这些宽谷因后期侵蚀，仅以谷肩的形式残留，个别地方还可见到谷肩上的砾石层，构成了河流第五级阶地。推测坝缘山地的垭口很可能就是唐县期古河谷，现已构成了"风口"。

中更新世古河谷，一是以"U"型谷的形式残存在分水岭地区，如安阳河源头的分水岭垭口，中易水源头的紫荆关垭口，昌平县北部的黑汉岭垭口；二是以古河谷的形式保存在分水岭地区，如滏阳河源头的和村古河谷，迁西南部的南观古河谷，密云南部的石娥古河谷，蓟县北部的串岭沟古河谷等；三是以废弃曲流宽谷的形式残存在低山麓面上，如丰润、遵化、迁西三县交界的还乡河、黎河上游分水岭地区的山麓面，海拔 300～100 m，谷宽 1～1.5 km，个别达 2 km，深度小于 50 m，密集分布似网状。山麓面上残留有海拔 400～500 m 唐县期蚀余山。

（三）岩石地貌

岩石的物质成分、内部结构与构造、产状与破碎程度，以及物理稳定性和化学稳定性，是影响岩石在风化及剥蚀作用下形成不同地貌形态，产生不同地貌结构与组织的重要因素。同种类岩石在不同的自然地理环境中会演化为不同的地貌形态，具有不同的地貌形态特征；不同种类的岩石在相同的自然地埋环境中也会演化为不同的地貌形态，具有不同地貌形态特特征。在华北地区，具有较为齐全的岩石地貌类型，并且较为典型。其中，砂岩地貌、砂砾岩地貌、花岗岩地貌、可溶岩地貌、玄武岩地貌、片麻岩地貌等较为常见，具有典型性。

1. 砂岩地貌

砂岩是一种地表常见的沉积岩，砂岩地貌就是由砂岩发育形成的地貌。由于砂岩在硬度、矿物成分和胶结程度的差异而形成了不同的砂岩地貌。在华北地区的砂岩地貌主要为嶂石岩地貌。

易风化的薄层砂岩与页岩是构成嶂石岩地貌的主要岩石。嶂石岩地貌具有岩墙峭壁绵延不绝，岩壁层层叠叠的特点，棱角鲜明，并多有"Ω"型嶂谷相连。在华北地区的砂岩地貌主要由厚层中、上元古界红色砂岩组成，在砂岩中有红色的黏土岩相间，其上部覆盖着有寒武—奥陶纪灰岩。华北地区典型的嶂石岩地貌可在太行山复式大背斜的两翼和燕山背斜的南翼看到。垂直高度可达数十米甚至上百米，主要由多层岩廊、岩廊底座上的崩塌砾石和上部的砂岩陡崖组成节节升高、层层后退的阶梯状陡崖。在水平方向上，上层陡崖的裂隙谷、中层陡崖的峡谷、下层陡崖的"Ω"型谷和瀑布丰富了阶梯状长崖的独特景观。阶梯状长崖绵延不绝，长达数千米。向长崖下游方向可以看到长墙、方山、台柱、塔峰、矮峰等残留，在经过侵蚀后留下碎石堆积的残丘。从中可以观察到砂岩地貌从发生到消失的整个过程。华北地区的嶂石岩地貌造型奇特，类型复杂，成因多样，演化有序。在河北省的井陉和邢台，山西省的左权，河南省林县、辉县与焦作等地，都有嶂石岩地貌发育。

2. 砂砾岩地貌

砂砾岩地貌系指产状水平或微倾斜的砂砾岩，受垂直或高角度节理切割，在差异风化、综合作用下，形成的以陡崖为特征的地貌。华北的砂砾岩地貌，主要分布在冀北的滦平—承德盆地中，由中生代侏罗纪红色厚层砂砾岩组成，各种外力作用在陡崖的薄弱处（可能为泥岩或剪切节理处）形成许多沿层面发育的凹槽，随着凹槽不断扩大，陡崖岩块逐渐失衡而崩塌，形成了陡崖地貌——赤壁丹崖。在陡崖地貌的基础上，由于风蚀作用，又形成了石墙、石堡、石柱、石峰、石洞、岩穴等各种地貌类型。一般是幼年期地貌多为峡谷陡崖，壮年期地貌多为夹墙沟，老年期地貌多为个体较小、形态各异的奇峰、怪石，及至只残留下几块与山体相连的岩块时，表明了砂砾岩地貌演化的结束。

3. 花岗岩地貌

花岗岩地貌是花岗岩岩体构成的塔林状山地地貌或浑圆状岩丘地貌，其特点是岩石外形比较浑圆、无棱角，主要由球状风化形成。多分布在华北北部的山海关、青龙、兴隆、怀柔、丰宁、赤城一带，由大面积裸露在地表的中生代燕山期花岗岩构成。其中，塔林地貌主要形成在具有岩株状构造的花岗岩体上，特点是沿节理裂隙有强烈的风化剥蚀和流水冲刷，形成了高耸而陡峻的峰林；圆状岩丘地貌主要发生在穹窿状花岗岩体上，特点是岩面上的红色风化壳被剥离后，出露球状或馒头状的岗丘，形成了低矮而浑圆的石蘑菇、圆丘和蛋石地貌。

4. 可溶岩地貌

可溶岩地貌是发生在可溶岩地区，由各种碳酸盐、硫酸盐性质的岩石形成的地貌，是地表水或地下水对可溶性岩石进行溶蚀，将少量碳酸盐或硫酸盐溶于水中并带走，在岩层的地表形成了各种形状的洞穴、谷地和千沟万壑的峰林，在岩层的地下形成了纵横交错的洞穴，包括石灰岩地貌和白云岩地貌。

华北的可溶岩地貌分布广泛，主要分布在燕山和太行山大背斜的两翼、中—上元古界和古生界的寒武纪地层中。其中，白云岩以中—上元古界为主，主要分布在冀北地区，在青龙—丰润—蓟县—密云一带和宽城—兴隆一带，以及承德县城—平泉一带，呈东西向连续分布。

溶岩地貌也称为科斯特地貌，华北地表喀斯特地貌比较发育，有相当于北台面的吕梁山溶蚀平原；有相当于甸子梁面的甸子梁溶蚀平原和析城山、风子岭溶蚀洼地；有相当于唐县面的矾山、深井、西烟等溶蚀盆地。

北京西山和太行山地的四层水平溶洞可与河流四级阶地面对比。

太行山可溶岩地貌主要分布在易县—满城—唐县—曲阳以西山地和鹿泉—苍岩山—嶂石岩—浆水—列江一带。其特色主要如下，①最古老的喀斯特地貌仍有残存，如古近纪末期的残峰、残丘、波立谷等仍在蔚县西甸子梁的甸子梁期夷平面上残留；②地貌类型比较齐全，从地表喀斯特到地下喀斯特，从喀斯特溶蚀地貌到喀斯特堆积地貌，从峰林到溶蚀平原，从滴水沉积的石钟乳到停滞水沉积的泥林等应有尽有；③有的地貌类型比较突出，如北京石花洞的沙雕、兴隆溶洞的石钩等，在国内也比较少见。另外，还有山西宁武喀斯特洞穴中的冰冻地貌——冰钟乳、冰笋、冰柱、冰瀑等地貌，据目前所知是全国唯一的。

残留在太行山南段——林虑山山顶上的喀斯特峰林地貌，其垂向分布的峰林、沟谷与下部嶂石岩地貌横向分布的岩墙、长廊，犹如台基上的莲花瓣，形成鲜明的对照。

5. 玄武岩地貌

玄武岩地貌是由喷出地面的火山岩——玄武岩构成的地貌。由于玄武岩浆黏度小，流动性大，喷溢出地表后易形成大规模熔岩流和熔岩被，在高原地区常形成面积较大的熔岩台地，称其为玄武岩高原（或岩熔高原），高原受后期外力侵蚀、切割，形成四周被陡崖围限的桌状山（方山）或台地。有的玄武岩流在地表流动较长一段距离而形成的长条状岗地，叫玄武岩岗地。在火山喷口区，由于岩浆沿上升通道缓慢上涌，均匀冷却，逐渐收缩，形成棱状石柱。

6. 片麻岩地貌

片麻岩是区域热动力变质中高级变质作用下的变质岩，由片麻岩构成的地貌叫片麻岩地貌。一般来说变质岩是原岩在地壳内力——温度、压力、应力等作用下，发生物质成分移迁和重结晶，并在多次定向应力作用下，形成了碎裂结构，因此当其露出地表后，较容易遭受外力的侵蚀剥蚀而变低变平，往往形成格调单一的地貌，不容易形成格调多变的地貌，特别是不容易形成陡崖、奇峰、怪谷地貌。但若片麻岩夹杂着较坚硬的厚层变质岩，如浅粒岩、变粒岩、大理岩、变质砾岩等，也会形成形态不一、格调多变的地貌。河北就分布着这样的片麻岩地貌。例如，太行山北段阜平大背斜西翼的百草坨—天生桥—瀑布群地貌，就是由太古代阜平群浅粒岩、大理岩、黑云斜长片麻岩、黑云变粒岩和角闪斜长片麻岩组成的地貌。其中的百草坨，海拔 2 144 m，是甸子梁期梁状夷平面的组成部分。其东侧谷地中连续分布着九级瀑布群。其中最大的一条瀑布——瑶台瀑布沿片麻岩裂隙蚀穿了片麻岩的薄弱处，形成了一个由伟晶岩构成的拱形天桥——片麻岩天生桥，在国内尚居首例。

（四）火山地貌

1. 地貌特征

华北火山地貌主要分布在山西大同。大同火山群是我国第四纪六大著名火山群之一。已知的火山有30多座，主要分布于大同盆地东部，可划分为东、西、南、北 4 个区。东区在许堡、神泉寺一带，西区指爪园与西坪北地区，南区是桑干河以南，北区是大同市以北的火山，现在仍有火山喉管残留。根据火山外部形态特征，可分为 4 类。一是穹窿状的，由玄武岩组成，没有火山口，如孤山和峨毛疙瘩等。二是壳状的，由玄武岩组成，如肖家窑头火山和大辛庄火山等。三是半圆形的，系火山喷发物沿山前裂隙喷出，依山坡流动而成。四是马蹄状的，由玄武岩流、火山碎屑互层组成，火山形成后，流水切穿火山口，形如马蹄状，如东坪山、金山等。上述除马蹄形山已被冲沟切穿外，其余的仅在锥体四周有窄浅的沟谷——火山濑，说明火山地貌还处于侵蚀初期。

2. 形成时代

依据火山喷发物与上覆下伏地层接触关系判断，大同火山群是在上新世末，早、中更新世至晚更新世马兰黄土堆积之初，多次喷发的产物，最早活动的是北区、东区，南区次之，西区最新。

3. 高空俯视下的景观

从高空鸟瞰大同火山群，西区的狼窝山火山口直径最大，达 500 m 左右，几乎呈正圆形状，火山口深度平均达 $30 \sim 50$ m，是大同火山群中火山口最为深邃的一座；位于大同县城的东北郊的昊天山（也称昊天寺山），是大同西区火山口自然锥体最为完整的一座，可以看到数十万年间水蚀作用在山体上留下的痕迹——火山濑，它已经成为这个县城的最显著的自然标志物。黑山火山锥像是一只正在蠕蠕爬行的"大海蜇"。金山火山锥像是一颗正在夏日夜空中灼灼燃烧着的明亮"彗星"，其"彗尾"长 300 余 m，为火山爆发时山口岩浆外流而形成，而且洁白闪光。阁老山火山口形似一枚金色的"桃心"，四周布满了呈放射状的水蚀沟纹理，从"桃心"发出的"金光"显得更加迷人。坐落在大同县城正东 2 km 以外的东坪山火山锥，火山喷发时熔岩流朝着东南方向喷流，故火山锥的东南部就留下了一个很明显的缺口，使得整个火山锥冠就像是一只巨型的马蹄，于是又有了"马蹄山"之称。

（五）冰缘地貌

华北的冰缘地貌包括古冰缘地貌和现代冰缘地貌。

1. 古冰缘地貌

古冰缘地貌就是发生在古代冰川外围的地貌，是在寒冷气候条件（年均温度在 $0 \sim -5$℃）下，以冻融作用为主形成的地貌。其在表土中产生的冻融褶曲构造叫作古冰缘现象。古冰缘地貌的类型主要是古石海、龙翻石及古石河。

华北北部海拔 1 500 m 以上的山地均保留着程度不同的古冰缘地貌。其中，尚保存着甸子梁期夷平面的山地顶部存有古石海，山坡上存有古石河，如海拔 2 200 m 的西甸子梁和冰山梁，海拔 1 800 m 的平顶山，海拔 2 300 m 的东灵山等均存有古石海和古石河；缺失夷平面的山地，往往在山坡上残留古石河，但缺失古石海，如海拔 2 800 m 的小五台山、海拔 2 180 m 的雾灵山、海拔 1 500 m 的祖山等均是如此。

除古冰缘地貌外，在松散堆积物的表土层中，也见有不少古冰缘现象。如山西大同、河北阳原虎头梁、蔚县西窑子头和北京顺义的冰卷泥和古冰楔，以及山西阳高的揉褶变形等。

虎头梁雀儿沟的冻融变形发生在黄土状土之下的砾石层中，冻融褶曲中钙核的 ^{14}C 年龄为 27675±745a；河北涿鹿吉家营村第二级阶地中埋深 2.13 m 的亚黏土、亚砂土和粉细砂互层内的冰卷泥中，其腹足类、介形类化石的 ^{14}C 年龄分别是 19250±500a、11030±150a 和 10970±300a。

根据岩性、层位的关系，地貌部位和年龄测定，确认古冰缘地貌形成于晚更新世末次盛冰期。

2. 现代冰缘地貌

现代冰缘地貌在五台山、小五台山均有发育。五台山北台和中台顶部的冰缘地貌最典型、最齐全。其中包括分布在五台山周围海拔 2 000～2 300 m 山顶上，柱高 2～4 m 的冰缘岩柱；海拔 2 700 m 以上平坦台面上或缓坡上的棱角状石块构成的石海和龙翻石；海拔 2 875 m 以上北台西北坡和北坡由棱角状大小不等的岩屑组成的石流坡；海拔 2 700 m 以上，悬挂在 10°～20° 的山坡上，长数十米至百余米、宽 3～5 m 的巨型分选的石条；海拔 1 800～2 200 m 西南坡上，长数十米至百余米、宽 10～20 m 的石河；海拔 2 900 m 以上，北台与中台顶部平坦地面上，直径几米至十几米、深数十厘米至数米的热融湖塘；以及石环、石玫瑰、石网、冻胀石块、石多边形土、草丛土丘、冻融泥流阶地、冻融滑塌和泥流舌等。

现代冰缘地貌具有明显的垂直地带性，山顶是寒冻风化一重力作用带，山坡上部是冻胀作用带，下部是冻融蠕动带。冻土带的垂直跨度在

$500 \sim 1\,000$ m。

（六）土林地貌

土林地貌位于山西省大同县城西南约 27 km 的杜庄乡北，桑干河北岸支流的东岸上，是源于桑干河第三级湖积台地面上的小河流（当地人叫"石板沟"），汇入与桑干河相通的北岸支流的人造湖内，是一个基本以该支流河床为侵蚀基准面，溯源侵蚀切割湖积台地面形成。面积约 1 km²，由数百个土柱、土林、土壁组成，是目前华北地区唯一的土林地貌。

1. 地貌类型

土林地貌由正地貌和负地貌组成，正地貌是各种形态的"台、峰或堆"，负地貌是大小宽窄不一的"沟或平地"。正、负地貌均自沟源至沟口呈有规律性的变化。就负地貌来说，沟的源头是高一级塬状台地面上的平浅汇水洼地，往下游逐渐变成长 $30 \sim 50$ m、深 $0 \sim 2$ m、宽 $0 \sim 5$ m 的浅沟，再往下游又变成长 $50 \sim 100$ m、深 $2 \sim 10$ m、宽 $5 \sim 20$ m 的深沟，再往下游，冲沟变成了宽平谷地和平地。该平地越往下游越宽，至入湖处，全是与湖水面平齐的平地。就正地貌来说，沟源的平浅汇水洼地基本上还保持着原始的台地面——高一级塬状台地的面貌，两条浅沟之间则是长 $30 \sim 50$ m 的长梁状台地，两条深沟之间则是长、宽皆在 $10 \sim 30$ m 方山状台地，往下游的宽谷内依次变成台状台地、柱状台地、塔峰，以及矮峰，再往下则是宽阔平地上的残丘、土堆，直至入湖处的低一级地面。

所说的台地或台柱是指顶部仍残留有平坦的台地面，相对高度达 $8 \sim 10$ m；塔峰状台地或塔峰是指顶部已无残留的平坦的台地面，而成为浑圆状或蘑菇状，顶部的高度比台地稍有降低，但底部高度比台地的底部高度低，所以相对高度可达 $10 \sim 12$ m。矮峰、残丘的顶部均呈尖状，且高度从 10 m 逐渐降低到 5 m；少数土堆尚有尖顶，多数已变成圆顶，高仅 $1 \sim 2$ m。

2. 地貌演化

如果把上述塬状台地面中的汇水洼地和浅沟看作幼年期，那么深沟及其间的梁状台地和方山则是青年期，宽谷及其间的柱状台地和塔峰则是壮年期，宽谷中的矮峰和低一级平地上的残丘、土堆则是老年期。它们代表了松散地层中流水侵蚀地貌的一个演化周期。

（七）岩穴地貌

岩穴是由不同外营力塑刻在不同岩石表面上的圆形穴坑。虽然就穴坑的个体来说，面积很小，连微地貌级别都达不到，但就其群体组合来说，面积很大，可以称其为微地貌。由于近年来，岩穴地貌在旅游地貌中占有一席之地，故地学界对我国岩穴开展了系统研究，并取得很多成果。研究表明，华北岩穴地貌非常有特色。

华北岩穴由河蚀、风蚀、海蚀、溶蚀、溶蚀—河蚀、雪蚀、湖蚀、风化—风蚀等多种因素形成，分别形成了河蚀穴、风蚀穴、海蚀穴、溶蚀穴、溶蚀—河蚀穴、雪蚀穴、湖蚀穴、风化—风蚀穴。多数岩穴都发生在花岗岩石上，但风蚀穴除发生在花岗岩外，还发生在砂砾岩上，溶蚀穴只发育在可溶岩石上，有的湖蚀穴也发生在可溶岩石上。

1. 河蚀穴

河蚀穴以分布在王安至汉章段拒马河河床花岗岩面上最为典型，既有岩石水平面上的圆形穴，又有各种形状的长形穴，还有岩石侧壁上的水平凹槽——河蚀槽。其中，口小、肚大、底平、穴沿有出水槽发育的圆形穴是典型的壶穴。

2. 风蚀穴

无论是发生在砂砾岩上的风蚀穴，还是发生在花岗岩上的风蚀穴，其形态一样，都有风蚀龛、风蚀穴、风蚀槽、风蚀洞、风蚀沟和风蚀天生桥，前者以承德地区最具代表，后者以丰宁平顶山最为典型。主要发育在迎风面的陡壁上。

3. 海蚀穴

海蚀穴以北戴河金山咀海蚀台地东侧陡崖上最为发育，包括海蚀龛、海蚀穴、海蚀槽、海蚀洞、海蚀沟、海蚀拱桥等多种类型。海蚀平台的岩石水平面上也有口圆、壁直和出水槽痕迹的海蚀壶穴。

4. 溶蚀穴

溶蚀穴在井陉境内保存较好，有山地缓坡上的溶沟——石芽，还有山梁平台上的圆形穴群。山梁平台上的圆形穴群,由 20 多个岩穴组成的岩穴群,分布在盘状宽谷谷底裸露的石灰岩表面上,有圆形、椭圆形、哑铃形,也有不规则的多边形,小者直径 0.5~2 m,深 0.3~1 m,大者直径 15 m,深 2~3 m。但圆形穴的形态与河蚀壶穴不同,呈上大下小的尖底锅状,锅壁上有钙质土沉积及水平方向发育的裂隙。钙质土自上而下逐渐加厚,上部薄层钙质土干后形成龟裂或泥卷,锤击便碎,但下部厚层已变成了钙质胶结硬壳,还有圈层状红色条带及斑痕,穴沿无出水槽发育。

5. 溶蚀 – 河蚀穴

溶蚀 – 河蚀穴以河南鹤壁白龙庙的淇河河段最为典型。包括裸露在水面之上灰岩水平面上的圆形岩穴群、灰岩裂隙谷谷壁上的圆形(梨形)岩穴群、岩壁上水平延伸凹槽、谷底的洞形岩穴、河底部灰岩面上的圆形岩穴群。它们层层叠置、梯级下降,与河流的演化历史密切相关。有的圆形穴内残留着大小不一、磨圆较好的砾石,可是初期以溶蚀为主、后期以河蚀为主的溶蚀——河蚀穴。

6. 雪蚀穴

雪蚀穴以赤城县冰山梁最为典型。发育在花岗岩基岩和古冰缘石海的砾石表面上,均呈口圆、壁直、底平的平底锅状,个体不大,直径多在 0.1~0.3 m,个别大者直径也不过 0.5 m,深不过 5 cm,穴沿有出水槽痕迹。初秋时节,在块石遮挡的穴坑中有积雪存在,似为雪蚀壶穴。

7. 湖蚀穴

现代湖蚀穴在华北地区不发育。目前,仅见阳原、蔚县残存两个古湖蚀崖上的湖蚀穴。

8. 风化 – 风蚀穴

风化 – 风蚀穴是寒冻风化作用在颗粒不均的花岗岩表面上,又经后期风蚀作用加工而形成的圆形穴,以河北丰宁喇嘛山、河南平顶山分布最多,也最典型,穴口呈圆形或近圆形,个体较大,一般直径 0.5~2 m,深 0.2~1 m,个别大者直径达 4 m,深 2 m。呈口圆、肚大、底平的特点,穴沿有出水槽发育,应为风化 – 风蚀壶穴。平顶山的圆形穴与冰山梁的雪蚀穴形态相似,口圆、壁直、底平，只是个体与深度均比冰山梁的雪蚀穴大。

（八）人为地貌

人类活动作用在地球表面塑造的地貌，又称人工地貌。华北山地人为地貌类型很多，有破坏性的人为地貌，如劈山崖、采石坑、采矿沟等；有建设性的人为地貌，如坑塘、水库、淤沙地等。其中，以万里长城和人工湖两大建设性人为地貌最引人注目。

1. 万里长城

万里长城是中国历代修建的一项宏伟的建筑工程。它犹如一条巨龙，或腾跃于崇山峻岭之巅，或横贯于千沟万壑之底，蜿蜒曲折，回环合抱，变幻莫测，雄伟壮观。其本身就"因地形，用险制塞"，建成后又形成了更加惊险、奇异的人为分水岭、人为隘口、人为山险墙、人为劈山墙、人为台柱等人为地貌，是唯一在太空中可见到的三维空间的人为地貌。

据说，明代长城的总长度为 8 851.8 km，其中人工墙体长 6 259.6 km，壕堑和天然形成的长度为 2 592.2 km，宽 5～8 m，高达十数米。可见，长城的绝大部分为人造。

山东的齐长城，河南楚长城，燕北长城等都是依山势而建的人为地貌，而河北冀中平原的燕南长城则因完全是筑于平地之上的人为地貌而驰名中外，被誉为世界奇迹之一。

1987 年，中国明代长城被列入世界文化遗产。

2. 人工湖

人工湖是 1950 年以后陆续兴建的山地水库，由库区、拦水坝和溢洪道三大工程组成，既可控制洪水水位，又为当地改善小气候、美化环境、休闲纳凉提供了有利场所。华北山地有大小人工湖泊 1967 座。其中，蓄水量 1 亿 m^3 以上的大型人工湖泊有 29 座，水面面积达数十至数百公顷。蓄水量 5000 万～1 亿 m^3 的中型人工湖泊有 98 座，水面面积达数十公顷。

第四节 平原地貌特征

一、末次盛冰期以来平原地貌的形成过程

华北平原地貌的主体主要由末次盛冰期以来的河流洪积－冲积形成，局部地区叠加有湖泊和海洋因素，以及风力再搬运堆积。

（一）末次盛冰期山前洪积扇形平原堆积

距今 2.5 万～1.1 万 a 的末次盛冰期是华北地区最寒冷干燥、海平面最低的时期，物理风化强烈，碎屑供给充足；植被稀疏，地表裸露；河流流量不大，但变率大。突发性洪水挟带着大量碎屑物质，开始时以强烈下切为主，形成切割谷，旋即转为快速堆积，形成砂质古河道高地。形成高地后又极易决口改道。因而在出山口以下地区形成砂砾石洪积扇，扇缘以下地区形成砂质古河道高地。数个洪积扇连在一起便成为洪积扇形平原，数条古河道高地相互叠加、交织，便形成洪积泛滥平原。华北平原山前洪积扇形平原就是这样形成的。当时以黄河为主导的众多砂质古河道高地，不但建造了华北平原，还直接伸进了渤海盆地，地面是一片林木稀疏、风起沙扬、鸟兽稀少的沙漠地貌景观。海河口外的海底古河道便是该时期的河流遗迹。

（二）早全新世冲积扇——泛滥平原建造

距今 1.1 万 a 以来为冰川退缩的冰后期——全新世。其中，早全新世，气候开始转为温暖较湿，海平面开始抬高（大致到现海平面下 40 m 的位置），自然条件比盛冰期有所好转，加之山地进一步抬升，平原进一步下降，河流出山后，先是切割了洪积扇，形成了深达十多米的切割谷，在洪积扇前缘以下地区形成了冲积扇及扇缘以下地区的泛滥平原。但此次形成的冲积扇及泛滥平原，无论在物质的组成上，还是发育的规模上都比前期小，属于末次盛冰期地面上的叠加性质。因而自然环境虽有所改进，已有灌木、疏林、草地生长，但仍属于较荒凉的地貌景观。

（三）中全新世湖泊、沼泽将早全新世冲积扇 - 泛滥平原掩埋

中全新世是冰后期气候最适宜期，气候温暖湿润，河流流量增加，变率减小，突发式洪水也减少，植被覆盖度增加，碎屑物质供给减少，加之海平面继续抬高，直到高出今海平面 2～4 m。华北平原洪积扇形平原前缘以下地区，也就是说早全新世的冲积扇—泛滥平原都变成了泽国。当时湖泊沼泽湿地遍布，弯曲河流缓行其间。虽然鸟兽数量迅速增加，但人迹难至，新石器时代的古人只能下到山前洪积扇形平原上，而不能继续前行。此时，黄河已南迁至孟村入海，形成了以孟村为顶点的三角洲。

（四）晚全新世冲积扇 - 泛滥平原又将中全新世湖泊、沼泽掩埋

距今 3 000a 以来的晚全新世，气候又转为温凉偏干，几乎回到了早全新世的自然环境。迅猛多变的洪水挟带着大量泥沙在洪积扇形平原前缘以下地区，又开始形成冲积扇及扇前缘以下的泛滥平原，致使中全新世的湖沼湿地，大部分被掩埋而只残留下几个扇形洼地群。此时的古河道高地也随着海岸线的后退迅速伸入到了海岸线附近，最终形成了今日的平原地貌景观。

二、基本特征

平原地貌与山地地貌相比，有着截然不同的特征。

（一）地面平坦开阔、地貌成因简单、类型单一

所说的地面平坦是指地表高低相差一般不超过 0.5～2.0 m，最大也只有 3 m，极个别者（如人工筑堤）也超不过 7 m，平原上几个孤立的基岩山丘，高差也超不过 50 m；所说的地面开阔是指南北相距 500～600 km，东西相距 200～300 km，方圆数万 ha 的范围内，无任何障碍、阻挡，地面坡降平均 1/5 000，最大 1/300，最小 1/8 000，是一望无际的沃野；所说的地貌成因简单，是指形成地貌的外营力主要是河流，只有少许的湖泊、海洋和风力的参与；所说的地貌类型单一，就是只含高地和洼地两种地貌类型，或者再加上肉眼看不出来的坡地。这些直观印象就是平原地貌的第一个特征。久住山地、偶而来到平原的人，一见平原，立刻有着异样的感觉：啊！好大好平呀！身在沃野平川，心胸宽阔、坦荡，志在万里远方。

（二）若降低尺度看，平原地貌也是类型多样，地貌成因同样复杂

1. 地貌类型比较多样

平原地貌不像山地地貌那样，经过亿万年的地壳多次变动，外力的长期侵蚀、剥蚀作用形成，而只是千百年来的堆积作用形成的。所以，不能用山地地貌的眼光来环视平原地貌，而要降低尺度看待平原地貌。如果说划分山地地貌类型，需要用十米、数十米，乃至百米的高差，而划分平原地貌类型，则只需数米，乃至数十厘米的高差。用这样的尺度环视平原地貌，也同样复杂、多变。例如，河北平原的地势均呈簸箕状，但冀中、冀南平原，西北、西南、东南地势较高，东北低，呈南西—北东向延伸、向东北开口的簸箕状，海河下游的向心状水系就是这一地势的具体反映；而冀东平原则是倒过来的簸箕状，簸箕的背部就是滦河晚更新世洪积扇。扇面上的季节性河流基本呈放射状分布，扇的西缘是还乡河，向西南流，会入蓟运河洼地，扇的东缘是饮马河，向东南流，会入渤海。两种不同的簸箕状的地势，决定了平原旱、涝灾害的分布格局。

在黄河以北的华北平原，斜贯于山东省与河北省交界地带的黄河古河道高地是一级分水岭，将鲁北平原与冀中、冀南平原分开。在冀中、冀南平原中，滹沱河洪积扇、冲积扇与向东北方向伸出的汉代古河道高地是次一级分水岭，将冀中平原与冀南平原分开。在冀中平原中，安平、蠡县、高阳的滹沱河宋代古河道高地，又是一个小分水岭，从而又将冀中平原分成西、东两部分。

2. 地貌成因复杂

如果说确定山地地貌成因，用河流、湖泊等一级指标就很复杂，而确定平原地貌成因，若用河流、湖泊中的二级指标，地貌成因也同样复杂。例如，河北平原地貌是以河流堆积为主形成的地貌，其次是湖泊、海洋堆积，以及风的再搬运堆积的地貌。在河流、湖泊、海洋堆积的一级指标中，又有交叉堆积的二级指标，如冲积 - 湖积、冲积 - 海积、海积 - 冲积等。在河流堆积为主的一级指标中，其二级指标有洪积、冲积之分。在洪积、冲积地貌中，其三级指标又有主流、边滩、自然堤、决口扇之分等。

（三）人类活动对平原地貌的影响较大

人类活动对平原地貌的影响较大，是塑造平原地貌的重要外力之一。晚全新世，气候变为温凉偏干，黄河、海河、滦河等固体径流量加大，河流变迁改道频繁，遂在洪积扇前缘以下地区建造了冲积扇、冲积泛滥平原和三角洲平原，从而掩埋掉大部分湖泊沼泽地而成为人类可以活动的陆地，于是春秋战国以来，人类便迅速向南向东迁移，仅用一二百年的时间便驻扎到了渤海沿岸。也就是从此时开始，人类对河北平原的地貌开始了大规模的改造。其中，对平原地貌影响较大的改造有 4 次。

1. 修通"山经·禹贡"河

从中全新世晚期的夏商开始，华北平原的气候开始由温暖湿润向温凉偏干方向转化、暴雨洪水呈现多发的迹象，大禹见到"河所从来者高，水湍悍，难以行平地，数为败，乃釃二渠，以引其河，北载之高地"，即只靠当时的黄河（即中全新世晚期由孟村入海的黄河）排泄洪水已不可能，于是在河南宿胥口开凿二渠，这就是史书记载的"山经·禹贡"。该河从宿胥口（今河南浚县境内）向北，利用了洪积扇前缘湖沼洼地较低的地势，先后流经河南安阳—内黄、河北临漳—魏县、肥乡—广平、曲周、巨鹿、宁晋—新河，在辛集以北、深州以南，分为多股汊流（其中，最北一支汊流叫"山经"河，最南一支汊流叫"禹贡"河），"同为逆河，入于海"。当时的淇河、漳河、滹沱河、沙河、唐河、拒马河等，都是"山经·禹贡"河的支流。这是已知的冀中、冀南平原黄河水系的第二次形成。由于适应了当时的地势，加之暴雨洪水还不是特别厉害，所以该河道稳定了上千年。

最后，终因晚全新世气候的变凉变干，暴雨洪水频率加大，冲积扇—泛滥平原迅速发展，"山经·禹贡"河也被迅速冲毁、掩埋，而被"汉志河"替代，又回复到了中全新世晚期的黄河河道位置，于岐口、黄骅一带入海。黄河、海河水系分流入海的局面又重新恢复。

2. 开凿京杭大运河

从东汉末年开始修建，至隋代完成的南北大运河，完全改变了各河分流入海的自然局面，使原单独入海的漳河、滹沱河、大清河、永定河、潮白河等汇集到天津统一入海，海河水系形成。自此，中国东部平原出现了一条南北向河流，固然对当时中国南北的物资文化交流起到了一定的积极作用，也为后人留下了宝贵的地貌、文化遗产，但它完全违背了自然规律，破坏了自然水系与地貌格局，使运河以西平原淤积速度加快，给该地区带来了频繁的洪涝、盐碱灾害。

3. 兴建山区水库

20 世纪 50—60 年代，各河流中上游普遍修建的人工水库，又完全截断了山区向平原输水的局面。按照原先设计的水库功能主要是防洪、发电，同时向下游城市和灌区供水，但真正用于发电的水库极少，而且 1963 年、1996 年和 1998 年，冀中南平原照样发生了洪灾。虽然春旱季节水库向下游灌区供水，但不供水时，平原河道发生了严重的沙化，也加快了平原湖泊干旱化的速度，减少了平原地下水补给量，严重地影响了平原地区的水生态环境。1963 年、1996 年和 1998 年华北遭遇暴雨袭击，冀中南平原依旧发生了洪灾。

4. 平原的农业开发

20 世纪 70 年代以来，对平原地区沙荒地、自然堤岗地、滩涂地的大规模开垦，以及平原地下水的超量开采，固然增加了土地种植面积，增加了农业产量，增加了农民收入，但也破坏了沙荒地蓄存雨水、补给地下水、调节水资源的功能，使得自然堤、滩涂地上的大量文化古迹被破坏，如广宗的沙丘平台、歌乐山，武强的窦氏青山，黄骅的武帝台等，现已无影无踪。

三、地貌分区及主要地貌类型

（一）地貌分区

华北平原在一级地貌分区中叫华北平原区（Ⅲ），二级地貌分区包括三个地貌亚区，分别由三种中地貌类型组成，自山麓至滨海依次是山前洪积扇形平原亚区（Ⅲ$_1$）、中部冲积扇 - 泛滥平原亚区（Ⅲ$_2$）、滨海潟湖—三角洲平原亚区（Ⅲ$_3$），以及河北特有的冲积扇—三角洲平原和一小部分海积平原。

1. 山前洪积扇形平原亚区（Ⅲ$_1$）

山前洪积扇形平原亚区（Ⅲ$_1$）分布在太行山、燕山山前地带的滦县、丰润、蓟县、怀柔、北京、易县、唐县、鹿泉、临城、邯郸、岳城、安阳、卫辉、焦作一线以南以东至刘台庄、曹妃甸、丰南、玉田、通州、大兴、保定、藁城、邢台、邯郸、辛村、滑县、新乡一线之间，为距今 25 000 ～ 11 000 年各河流形成的洪积扇连接而成的洪积扇形平原，海拔从 100 m（燕山南麓是 50 m）分别降至豫北平原的 63 m、冀南平原的 60 m、冀中平原的 53 m、北京平原的 30 m、冀东平原的 20 ～ 8 m，地面平均坡降 1/300。由底部的砂砾石和上部的粉细砂（滦河、青龙河洪积扇）和黄土状土（其他河流洪积扇）组成，地面自山麓向滨海方向倾斜。其中，近山麓处有山麓坡积 - 坠积砾石和沟谷出山口处的小型洪积裙覆盖其上，冲沟发育，切割深度达 3 ～ 5 m。该部位土壤不发育，多为裸露砂砾石地，极少地方有基岩直接露出地面。地面坡降 1/100 ～ 1/300。远山麓处，地面比较平坦，冲沟不发育，但有条状岗地残存，高出两侧地面 0.5 ～ 1 m。地面坡降 1/300 ～ 1/500。滦河、青龙河洪积扇上有沙质古河道高地发育，高出两侧平地 1 ～ 3 m。

2. 中部冲积扇 - 泛滥平原亚区（III_2）

中部冲积扇 - 泛滥平原亚区（III_2）分布在刘台庄、汀流河、曹妃甸、玉田、三河、大兴、保定、藁城、邢台、邯郸新乡、武陟一线以南以东至宝坻、天津、青县、沧州、孟村、无棣一线之间，海拔从前述的 63 m、60 m、30 m 分别降到无棣的 5 m、孟村的 14.9 m、沧州的 9 m、天津的 7 m、宝坻的 8 m。由冲积扇和冲积—湖积泛滥平原组成。为距今 3 000 年以来晚全新世形成的地貌。其中，冲积扇分布在泛滥平原的西侧，由河流冲积形成，地势分别由西南向东北（黄河、漳河冲积扇）、由西向东（滹沱河冲积扇）、由西北向东南（永定河冲积扇）方向降低。其中，地面坡降 1/2 000 ～ 1/3 000 的冲积扇为簸箕的脊沿；坡降 1/3 000 ～ 1/6 000 的冲积 - 湖积泛滥平原是簸箕的底部。无论是冲积扇的地面上，还是泛滥平原地面上都有密集的古河道分布。在两个相邻冲积扇之间、冲积扇前缘和泛滥平原之间残留有众多已干涸的古代湖泊—洼地。只在众多河流交汇的簸箕底部和前缘洼地中，尚有两个湖泊苟生，这就是华北平原的明珠——白洋淀和湿地景观——衡水湖。

3. 滨海潟湖 - 三角洲平原亚区（III_3）

滨海潟湖 - 三角洲平原亚区（III_3）分布在唐海、宝坻、天津、青县、沧州、孟村、无棣一线以南以东。在天津以南直至海岸，天津以东至柳赞、黑沿子一线。由数个并列的潟湖、三角洲组成。其中，最大的三角洲是形成于中全新世早期的孟村三角洲，现已被埋在地下 0.5 m 左右，由于又有历史早期河流流经，地面上树枝状古河道被居民点占据，地面尚显遗迹。其他潟湖、三角洲大部分已消失，有的变成洼地，有的已成为人工蓄水池。地面由西向东（天津以南）、由北向南（天津以东）倾斜，海拔由天津以南的 7 ～ 9 m 向东降至 0 m、天津以东的 3 m 向南降至 0.5 m，潟湖洼地的地面坡降 1/6 000 ～ 1110 000，三角洲的地面坡降 1/6 000 ～ 1/8 000。

冲积扇 – 三角洲平原，位于滦县县城以南，滦河河道以西，滦南县城、胡各庄、杨岭一线以东的三角地区，是全新世以来滦河形成的冲积扇 – 三角洲平原。早全新世，以滦县为顶点，滦河切开滦河与青龙河晚更新世洪积扇之间的扇缘洼地，向南发育了冲积扇。中全新世，冲积扇前缘地区被海水淹没，扇面上发育了曲流河和牛轭湖。晚全新世，滦河分别以马城（历史早期）、乐亭（历史晚期）为顶点，发育了冲积扇，前缘直抵海岸，在海平面以下又形成了三角洲，因此叫冲积扇 – 三角洲。这是国内少有的一种地貌类型。地面海拔由顶点的 40 m 向南降低至海岸的 0 m，地面坡降 1/2 000 ～ 1/3 000。地面上扇状分布的古河道比比皆是。在柳赞、黑沿子一线以南是历史晚期形成的海积平原。地面海拔 0.5 ～ 0 m，地面坡降 1/10 000，因面积较小，未单列详述。

（二）主要地貌类型

华北平原的小地貌类型主要是河流地貌，既有现代河流地貌也有古代河流地貌，而且以堆积地貌为主，在地貌类型中属于 E 堆积地貌类，又可进一步划分出以下亚类。

1. 洪积平原亚类（E_1）

洪积平原亚类（E_1）分布在太行山、燕山山前地区，呈与山体走向平行的条带状。燕山山前东西向，长 280 km，宽 30 ～ 50 km，自东而西主要有青龙河洪积扇、滦河洪积扇、潮白河洪积扇；太行山前北北东一南南西向至南北向，长 520 km，宽 10 ～ 50 km，自北而南主要有永定河洪积扇、拒马河洪积扇、唐河洪积扇、沙河洪积扇、滹沱河洪积扇、安阳河洪积扇、淇河洪积扇、卫河洪积扇。漳河、黄河洪积扇已被全新世河流切割掉，现漳河仅以山麓台地残存，黄河北岸仅以河岸阶地残存。其组成物质，除滦河、青龙河洪积扇地表是黄土状土和条带状的粉细砂、亚砂土外，其余均是黄土状亚砂土，厚5~8 m，往下是砂砾石，厚15~20 m，砂砾石磨圆、分选均较差，有大型斜交层理，含披毛犀-纳玛象动物群化石，形成于晚更新世晚期的末次盛冰期。地面较平坦，山麓地带有小型沟口洪积扇覆盖其上，河流切割于洪积扇之下达3~5 m，两岸有短小的冲沟发育。地面坡度1/100~1/500。

2. 冲积扇-冲积平原亚类（E_2）

冲积扇-冲积平原亚类（E_2）分布在洪积扇形平原以下的广大地区，较大的冲积扇自北而南有潮白河冲积扇、永定河冲积扇、拒马河冲积扇、唐河冲积扇、沙河冲积扇、滹沱河冲积扇、漳河冲积扇、卫河冲积扇、黄河冲积扇。但有以下例外情况：①滦河、青龙河洪积扇以下地区缺失冲积扇-冲积平原，代之的是两洪积扇之间的大型冲积扇-三角洲平原，或洪积扇前缘以下地区的小型冲积扇-三角洲平原；②拒马河冲积扇不是发育在洪积扇前缘之下，而是镶嵌在洪积扇体之内；③源于太行山东麓、燕山南麓的小河流均以小冲积扇的形式发育在两个大型冲积扇之间的扇间洼地中。

冲积扇以下便是冲积泛滥平原。虽然在地表形态上，有冲积扇和冲积平原之分，前者由放射状古河道组成为扇面状，地面坡度1/500~1/2 000，后者由并行、交叉状古河道组成为条带状，地面坡度1/2 000~1/5 000；但在组成物质与形成时代上却完全一致，即均由上部的细粉砂、粉砂质亚砂土、亚黏土和下部的中细砂、粉细砂组成，均形成于晚全新世。地面上古河道高地与古河间洼地相间分布，相对高差0.5~1 m，最大达2 m，构成了波状起伏的地势。

3. 冲积-湖积平原亚类（E_3）

冲积-湖积平原亚类（E_3）主要分布在两个大型冲积扇之间及其前缘地区，分别构成了扇间湖泊-洼地群和扇缘湖泊-洼地带。地势低洼，由灰黑色含淤泥的亚黏土和黏土组成，地面平坦，坡度1/5 000~1/6 000。

4. 冲积-海积平原亚类（E_4）

冲积-海积平原亚类（E_4）是以河流沉积为主、海洋沉积为次的平原，即随着中全新世高海平面逐渐下降、海岸线后退，河流也随之向海伸进，在海相层之上又沉积了河流相物质而构成的平原，也叫潟湖-三角洲平原。分布在青龙河洪积扇、滦河洪积扇、潮白河冲积扇、永定河冲积扇和冀中、冀南冲积泛滥平原前缘以下地区，呈环渤海的弯月状。只在古三角洲上有古河道高地呈放射状或树枝状分布，地表有微波状起伏，其余地区地面均较平坦，坡度 1/5 000 ～ 1/6 000。

5. 海积－冲积平原亚类（E_5）

海积－冲积平原亚类（E_5）是以各种大小潟湖沉积为主，只在潟湖之间有河流沉积的平原，分布在冲积－海积平原以下地区，呈环渤海的狭窄弯月状。由含淤泥的亚黏土和亚砂土组成。地面平坦，坡度 1/6000 ～ 1/8000。沼泽湿地发育。

6. 海积平原亚类（E_6）

海积平原亚类（E_6）为近代海洋沉积，由海相粉砂质亚黏土组成。现为海滩湿地。分布在渤海湾北岸的柳赞－黑沿子一线以南地区。地面平坦，坡度 1/10000 左右。

7. 风积平原亚类（E_7）

由海滩沙被风力的再次吹扬形成，仅分布在青龙河洪积扇前缘。由纵向、横向沙脊组成了格状沙丘链，纵向沙脊中有新月形沙丘的雏形，高差一般在 20 ～ 30 m，最高达 40 m。

另外，平原地区的小、微地貌类型还有沟口洪积扇、山麓洪积裙、洪积扇、辫状河道、冲积扇、泛滥平原、顺直河道、古牛轭湖、曲流河道、三角洲、古河道高地、古河床、古河滩地、古自然堤、古决口扇、古决口大溜、古河间低地、湖泊、湖积平原、入湖三角洲、扇间洼地、扇缘洼地、河间洼地、古河道带、古三角洲、古潟湖洼地、阶地、边滩、心滩等。

四、特色地貌

平原地区的特色地貌主要有扇状地貌，古河流地貌，洼地地貌，冲积扇－三角洲地貌，以及人为地貌。

（一）扇状地貌——洪积扇与冲积扇

1. 洪积扇、冲积扇特征

洪积扇是指形成于末次盛冰期寒冷干旱气候条件下，低海平面的基础上，以瞬时骤变的暴雨洪水动力为主、以磨圆分选较差的砂砾石为主要物质的扇状堆积体。华北平原有三个大型洪积扇，分别是滹沱河洪积扇、永定河洪积扇和滦河洪积扇。冲积扇是指形成于晚全新世相对温暖较湿的气候条件下，海平面抬高的基础上，以常年均匀水动力为主、以磨圆分选较好的砂砾石为主要物质的扇状堆积体。华北平原有五个大型冲积扇，分别是黄河冲积扇、漳河冲积扇、滹沱河冲积扇、永定河冲积扇和滦河冲积扇－三角洲。它们构成了华北平原地貌的主体，是华北地区末次盛冰期以来气候变化、地理环境演变的重要信息载体。

2. 洪积扇与冲积扇呈切割接触

华北平原的冲积扇与洪积扇多数呈切割、叠置关系，就是说晚全新世冲积扇继续在末次盛冰期洪积扇体内的早全新世谷地内进一步切割加深，使早—中全新世谷底抬高形成了第一级阶地。在末次盛冰期洪积扇前缘之下堆积了晚全新世冲积扇。但拒马河冲积扇与洪积扇的接触关系独特，是冲积扇切割了末次盛冰期洪积扇后，在其扇体内堆积了晚全新世冲积扇。

黄河、漳河原来也有末次盛冰期洪积扇，只是由于晚全新世河流切割将洪积扇形体绝大部分侵蚀掉，前者只在河流两侧留下了狭长的阶地，后者在两侧山麓地区留下了狭长的洪积台地。

安阳河在安阳以西地区为宽阔谷地内的第二级阶地面，以安阳为顶点向东南、东、东北方向发育了4条放射状的古河道高地，还没有形成完整的扇状面。古河道高地之间被广润陂、鸬鹚陂等湖泊洼地占据。这种高地与湖泊零距离接触的地貌为商代居民提供了绝好的居住环境，在华北平原尚不多见。

（二）古河流地貌——古河道与古三角洲

1. 古河道

古河道是历史上黄河、海河、滦河，在平原上频繁决口、变迁、改道遗留下来的旧河道。它们在扇状平原上呈放射状分布，在泛滥平原上呈并行、交叉状分布，在三角洲平原上呈树枝状分布。在决口处有决口大溜及大溜两侧的决口扇，决口扇以下的决口大溜变为条带状古河道高地。古河道高地由砂质土和亚砂质土组成。长一般数千米至数十千米，最长可达数百千米；宽一般数百米至数千米，最宽可达 20 km；高出两侧地面一般 0.5～3.0 m，两侧有古自然堤。

两个古自然堤或两条古河道高地之间有古河床洼地，由粉砂质亚黏土组成，低于两侧平地 0.5～1 m。

初步考察，华北平原有浅埋古河道带 20 多条，面积约 13 000 km²。最典型的一条是南西—北东向，斜贯华北平原中部，从河南武陟向东北，经河北大名、清河、景县、青县，至天津静海，形成于末次盛冰期至早全新世的古河道带，长 450 多 km，宽一般 5～20 km，最宽达 40 km，河北省科学院地理科学研究所 1986 年发现并命名为黄、清、漳河古河道带（代号 II₂①B）；有地面古河道 300 多条，面积约 1 200 km²，其中最大的一条是自河南浚县，向东北，流经冀、鲁交界处，于孟村、岐口一带入海的黄河古河道带，形成于中全新世和晚全新世早期。

2. 古三角洲

古三角洲是河流在入海口处形成、现已埋在地下、但地面仍保留有形迹的地貌。华北平原有多个古三角洲发育，自南而北分别有无棣黄河古三角洲，孟村黄河古三角洲，青县（大口河）黄河、漳河、滹沱河三角洲，天津黄河古三角洲，潘庄永定河古三角洲。

其中，发育最好、面积最大、保留最好的是孟村黄河古三角洲。它形成于距今 8 000～5 000 年的中全新世，以河北孟村为入海口，向东发育的三角洲，中轴长达 50 km，宽约 30 km，面积达 1 500 km²，河北省科学院地理科学研究所 1991 年发现并命名为孟村黄河古三角洲，是中全新世早期黄河流经河北平原，并长时期在河北入渤海的直接证据。

潘庄古三角洲保存的也较典型，从英国学者 1921—1927 年实测的 1/10 000 "顺直地形图" 中可看出，天津宁河以潘庄为顶点，由辐射状的 3 条骨干河道和 10 多条汉流河道组成、向东发育了一个较明显的三角洲。三角洲北缘是大辛庄、岳龙庄，前缘是唐坊桥、毕武庄、杨家泊，南缘是汉沽、任凤庄，中轴东西向长约 40 km，南北最宽处约 30 km。前缘有一系列湖泊、洼地残留，自北而南有岳龙庄洼地、油葫芦泊、毕武庄洼地、杨家泊。因为该三角洲距渤海湾西北岸较远（约 15 km），而且是向东发育，不是向南发育，只靠地面调查不易发现，又没有文献报道，所以未引起人们重视。

（三）洼地地貌——扇间洼地、扇缘洼地与古潟湖洼地

1. 扇间洼地

扇间洼地是指分布在两个大型冲积扇之间的洼地，自南而北有黄河与漳河冲积扇之间的长丰泊—良相陂湖泊—洼地群；漳河与滹沱河冲积扇之间的宁晋泊—大陆泽湖泊—洼地群；滹沱河与永定河冲积扇之间的边吴淀—白洋淀湖泊—洼地群；永定河与潮白河冲积扇之间的延芳淀—雍奴薮湖泊—洼地群。

2. 扇缘洼地

扇缘洼地是分布在冲积扇前缘与泛滥平原之间的洼地，自南而北有黄河冲积扇前缘的柯泽—张家泽湖泊—洼地带；漳河冲积扇前缘的鸡泽—永年洼湖泊—洼地带；滹沱河冲积扇前缘的衡水湖—大浦淀湖泊—洼地带；永定河冲积扇前缘的文安洼—三角淀湖泊—洼地带；潮白河冲积扇前缘的大黄铺洼—黄庄洼湖泊—洼地带。

它们都曾经是中全新世时期河北平原洪积扇前缘以下地区的统一湖泊-沼泽地的组成部分。全新世晚期，由于冲积扇-泛滥平原的发育，大部分湖沼地被掩埋，仅留下古河道影响较小的四个扇间洼地群和扇缘洼地带。历史上，河流下游频繁变迁改道，众多古河道高地的纵横交叉，又将大洼地群逐渐分割，形成了无数个小型洼淀。再进一步发展，有的小型湖泊洼淀面积缩小，有的全被埋没消失，遂形成了今日的洼淀面貌——扇间洼地中只有一个白洋淀，扇缘洼地中只有一个衡水湖（古千顷洼）残存，但其面积已大为缩小，近年来也有过多次的变干消失的过程。

3. 古潟湖洼地

古潟湖洼地是中全新世高海平面时期发育在第四道贝壳堤后缘的潟湖，晚全新世海平面下降留下了潟湖洼地。该洼地，有的地面仍有遗迹；有的已被淤平成陆，地面不显遗迹，组成了平原的一部分，所以叫古潟湖洼地。

华北平原自北而南有渤海湾西北岸的草泊潟湖、油葫芦泊潟湖、里自沽洼潟湖和七里海潟湖，渤海湾西岸的南—北大港潟湖、曾庄—盐山城关潟湖、卸楼潟湖、王金潟湖等。晚全新世，渤海湾西北岸蓟运河、潮白河冲积扇—

冲积平原的发育，油葫芦泊潟湖、里自沽洼潟湖已基本被淤平，草泊潟湖、七里海潟湖遗迹尚存，后者已被用作地表水调蓄库容。渤海湾西岸，由于战国、西汉黄河三角洲在孟村古三角洲的基础上又进一步发育，致使南部的曾庄—盐山城关潟湖、卸楼潟湖、王金潟湖，全被埋没，地面已不显遗迹。南一北大港潟湖遗迹尚存，现被用作地表水调蓄库容。

（四）冲积扇－三角洲地貌

分布在冀东平原的滦河冲积扇－三角洲地貌是华北唯一、全国少有的冲积—海积地貌类型，主要是滦河、青龙河在晚全新世以来形成的一系列冲积扇－三角洲地貌组合体。有小型冲积扇－三角洲、大型冲积扇－三角洲两种类型。

1. 晚更新世洪积扇前缘以下地区的小型冲积扇－三角洲

滦河晚更新世以西峡口为顶点的洪积扇和青龙河晚更新世以滦县为顶点的洪积扇，其扇面上的河流，自西而东，如小戟门河、双龙河、小青龙河、刘坨河、泥井河、赵家港河等，于中全新世高海平面时期，在洪积扇上半部前缘陡坎（即欢喜庄、西葛各庄、大佟庄、西玉坨、唐海、柳赞、刘台庄、团林一线）以下地区形成的冲积扇－三角洲，覆盖在滦河、青龙河晚更新世洪积扇下半部之上，前缘已伸入到了 20 m 等深线附近。

2. 两个洪积扇之间的大型冲积扇－三角洲

在滦河和青龙河两个晚更新世洪积扇之间的扇缘洼地区，晚全新世，滦河又分别以马城（历史早期）、乐亭（历史晚期）为顶点不断地改道变迁，形成了晚全新世冲积扇及前缘海平面以下的三角洲。其与滦河、青龙河晚更新世洪积扇面上的小河流形成的冲积扇－三角洲共同组成了渤海湾北岸的冲积扇－三角洲体。随着晚全新世海平面的下降，海岸线后退，晚全新世冲积扇－三角洲也随之前伸。所以，在冀东平原便缺失了冲积扇与三角洲之间的泛滥平原。由于冲积扇与三角洲之间泛滥平原的缺失而形成的冲积扇与三角洲的复合体，构成了华北又一个具有特色的地貌。

3. 大型冲积扇－三角洲与洪积扇呈切割接触

两个洪积扇之间的大型冲积扇－三角洲与洪积扇呈切割接触，至现在切于洪积扇之间的大陡坎仍历历在目。其西侧陡坎（滦河洪积扇东缘），距滦县县城6～8 m，陡坎近于直立，往南至滦南县城3～5 m，陡坎变成50°陡坡，再往南至西上坡子，陡坡高2～3 m，坡度30°左右，至暗牛淀陡坡消失，由冲积黄土状物质组成：东侧陡坎（青龙河洪积扇西缘），朱各庄至指挥庄间高3 m左右，陈各庄至槐李庄间高1 m左右，槐李庄以南消失不见。

4. 洪积扇、冲积扇-三角洲地貌的演化过程

晚更新世初期的最新构造运动，由迁安往南流的某河流右岸（西岸）支流，向西溯源侵蚀，袭夺了由迁西往南流的滦河，使滦河东流至迁安盆地。

晚更新世晚期末次盛冰期，滦河以西峡口为顶点，向南建造了规模巨大的洪积扇：与此同时，青龙河按其原道（现在的滦河）南流，出山口后，以滦县为顶点，向东南也建造了规模较小的洪积扇。此时，正值末次盛冰期最低海平面时期，推测洪积扇前缘向南伸出很远，滦河、青龙河出扇缘以后便汇入黄河东流。所以，此时的滦河、青龙河在山前地区只形成了洪积扇，而未形成三角洲。

早全新世滦河在迁安以南向东改道，致使迁安以南的滦河右岸（南岸）出现了10 m高的大陡坎，夺取了原青龙河道向南流至出山口的滦县，并以此为顶点，切割了原滦河洪积扇与青龙河洪积扇之间的扇间洼地，形成了深达20多 m的切割谷。滦河在谷地内向南发育了冲积扇。其前缘已伸至渤海海平面以下40 m的高度上。

中全新世，随着海平面的抬高，海相三角洲沉积物逐渐掩埋了早全新世冲积扇下半部，海平面最高时，海岸线大致接近了大蒲河、刘台庄、姜各庄、马头营、东黄坨、欢喜庄一线。由于海水顶托淤积，河床坡度变缓，早全新世冲积扇的上半部也被中全新世曲流河、牛轭湖等湖沼相沉积物埋藏。该地貌现在仍保留在滦河晚更新世洪积扇东缘陡坎之下与晚全新世滦河冲积扇-三角洲西缘之间的洼地里。20世纪70年代，滦南县城北部的梁家泡、姜家泡一带还有曲流河、牛轭湖等大片湿地残存。所以，该地区见不到早全新世地貌及沉积物。

晚全新世，滦河在早全新世切割谷地里、中全新世湖沼相沉积物之上继续加积，分别以马城（历史早期）、乐亭（历史晚期）为顶点，形成了冲积扇及前缘海平面以下的三角洲。1915年，以莲花池为顶点形成了现代三角洲。

所以说，滦河冲积扇—三角洲地貌仅形成于晚全新世。与此同时，滦河、青龙河洪积扇面上的小河流在大蒲河、刘台庄、姜各庄、马头营、东黄坨、欢喜庄一线以南地区，随着海平面的下降，也形成着小型的冲积扇—三角洲。

值得指出的是，以马城为顶点的历史早期冲积扇—三角洲，仅在溯河以东地区发育，并覆盖了中全新世湖沼洼地。溯河及其以西地区没有被历史早期冲积扇—三角洲覆盖。北自滦南县大马庄，沿溯河而下，中经唐家泡、方各庄、周各庄，直至暗牛淀，还都保留着中全新世湖沼洼地地貌，这么大面积的中全新世地貌仍有保留，在华北平原可能是唯一的。

（五）人为地貌

中国是一个有着悠久文明历史的国家，早在三千多年前的商、周时期，就开始在华北平原兴修水利，如商代的禹河，西周的济水，战国、汉代的古黄河堤，三国时期的邺渠，隋代的京杭大运河等，以及20世纪60年代兴建的海河工程。其中，禹河、济水、邺渠等已被埋没地下，黄河古堤的大部分也已被破坏，南北大运河还基本上保持着原貌。

1. 黄河古堤

"汉志河"堤，即中全新世末期以来至西汉（公元前70年）的黄河，自西南而东北斜贯于华北平原中部。从河南省的武陟至河北省黄骅的入海口，长达430多km。自战国中期至西汉末年，于两岸修筑的人工堤也长达400多km。不同地段有不同的名称，如河南段叫禹堤、古阳堤、老黄河堤；山东段叫长城堤、陈公堤、太皇堤、禹堤；河北段叫齐堤、长城堤。两岸大堤一般相距10～20km，最宽30km，最窄5km。堤顶宽5～8m，个别达10m，高出外侧地面4～6m，最高7m，高出内侧地面1～3m。堤基宽一般30～50m，个别达60m。

"东汉河"堤，即王景治河后（70年）至唐代末年（9世纪末）的黄河，位于"汉志河"东南的鲁西北平原中部。两岸均建有人工堤，叫作金堤或黄河北堤，长100多km。一般两堤相距3～5km，最宽7km。堤基宽40～60m，堤顶宽15～20m，高出两侧地面一般2～3m，最高5m。

"宋黄河"堤，当地称作鲧堤，南自南运河西岸临西尖冢，向北经临西县城、吕寨、威县邵固、孙庄、南仓庄、团堤村入南宫县境，长约 40 km。威县邵固段堤高 7 m，宽 15 m，是宋代黄河北支流之河堤。

2. 京杭大运河

京杭大运河，北起北京市区，南至浙江杭州，为春秋吴国开凿，隋朝大规模扩修并贯通至洛阳、北京，元朝续修，弃洛阳而取直至北京，是世界上开发历史最悠久（距今 2500 多年）、距离最长（1797 km）的人工运河。其中的华北平原段，北起北京，向南经天津市、河北省，止于山东省黄河北岸的位山，长 698 km，分别叫作通惠河（北京市内）、北运河（北京至天津段）、南运河（天津至河北段）、位临运河（山东段）。

20 世纪 60 年代疏浚后的南运河由两级河槽组成，浅槽宽 50～110 m，低于两侧地面 3～5 m，深槽宽 20～30 m，低于浅槽约 3 m。掘土堆之两侧而成为人工堤，堤距 60～1 600 m，高出两侧地面 2～3 m。它犹如一条长长的白带，镶嵌于中国东部大平原之中。2014 年，京杭大运河入选世界文化遗产。

第五节 海岸地貌特征

渤海是我国内海，是我国首都——北京的门户。沿海岸线分布、受海水、海潮和海风影响的地貌称为海岸地貌。华北海岸（指河北省、天津市和山东省黄河口以北海岸）是第四纪以来海平面多次升降、海岸线多次变化中形成的地貌。包括陆地地貌、潮间带地貌和海底地貌。其中，河北秦皇岛的海岸地貌由多个海岬与海湾组成。

一、渤海海盆及渤海的形成演化史

渤海是什么时候形成的，具有怎样的发展演化史一直是人们所关心的问题。因为它不仅直接影响着海岸带地貌的形成与演化，作为大地侵蚀基准面，它也制约着华北陆地地貌的形成与演化。因此，若了解华北地貌，也必须了解渤海的形成演化史。

渤海有两个构成要素，一是海盆，二是海水。渤海海盆属于华北盆地的一部分。其地貌基础和华北陆地一样也是中生代末期的华北准平原。

（一）渤中大裂谷

新生代喜马拉雅造山运动第一幕的古近纪，以太行山、燕山山前大断裂为界，西部、北部上升，东南部下降，渤海盆地的雏形开始出现。但当时不是盆地，而是郯庐大断裂与沙垒田大断裂之间的沉降拗陷带——南西—北东向穿过渤海中部的渤中大裂谷。古近纪，裂谷内沉积了厚度超过2 000 m的河湖相物质，间夹有海相与火山堆积物，反映出裂谷曾遭受过海侵，构成了当时的浅海。

（二）渤海盆地

喜马拉雅造山运动第二幕的新近纪，裂谷扩张，盆地初步形成。但此时的盆地内仍是以河湖相物质堆积为主，虽然在华北平原，乃至山区的构造盆地内，也有有孔虫、海相介形虫等海相化石的发现，但还没有海相堆积的足够证据。

（三）渤海初步形成

自喜马拉雅造山运动第三幕的第四纪初期开始，盆地进一步下降、扩大，西太平洋的海水不时地通过黄海海盆进入渤海盆地。其中，中更新世晚期曾一度到达滦河、海河滨海地区，渤海初步形成。山海关、秦皇岛、北戴河一带的海蚀台地（当时是海蚀平台）就形成于这个时期。

（四）海平面多次升降

中更新世晚期，海水退出渤海海盆后，又有过多次的海平面升降变化。

晚更新世早期的末次间冰期，海平面上升，形成了秦皇岛海滨又一级海蚀平台。末次冰期早冰期，海平面下降，渤海成陆。末次间冰期的海蚀平台抬升为5 m高的海蚀台地。末次冰期下亚间冰期，海平面上升至渤海中部后，又退下。末次冰期上亚间冰期，海平面上升，渤海第三次形成。在海蚀台地前缘形成了海蚀平台。末次冰期盛冰期，海平面下降，海水全部退出渤海与黄海而成为陆地。渤海海盆为黄河、辽河占据，向南直至-130 m处汇入西太平洋。

（五）渤海最后形成

冰后期的早全新世，海平面又开始上升，至中全新世达到了高海平面后，又开始下降，直至现今的位置。因此，在渤海湾西岸留下了四道贝壳堤。所以说，渤海最早形成于中更新世，以后经晚更新世的多次升降变化，于晚更新世末期大幅度退出渤海。现在的渤海形成于距今 11 000 年的全新世。

二、基本特征

海岸地貌呈沿海岸的长条状分布，虽然宽度不大，只涉及人为规定的 0 ～ 10 km 范围内，但海拔却由 70 m 到 -20 m，高差达 90 m；长度较大，大陆海岸线长 715 km，涉及不同地质构造单元、岩性、地貌类型、水动力条件和新构造运动特征，再加上多次海平面变动引起的海侵、海退。因此，华北地区海岸地貌的基本特征如下。

（一）成因复杂，类型繁多

华北海岸带，地处燕山褶皱带和华北拗陷区的次一级大地构造单元——山海关台拱、南堡断凹、马头营台凸、柏各庄断凸、北塘断凹、板桥断凹、岐口断凹和埕宁台拱之上，新构造活动差异较大，加之经历了第四纪多次气候变化与海平面的频繁波动，以及陆地与海洋各种外力的相互作用，因此海岸地貌成因比较复杂，类型也比较繁多。中地貌类型约有 3 个，小地貌类型约有 20 个，微地貌类型约有 66 个。在只有 715 km 长的海岸带上，具有如此复杂的地貌成因与类型，全国比较少见。

（二）发育典型，动态活跃

华北海岸带具有十分典型的代表中纬度海岸的地貌类型，如河口三角洲、潟湖沙坝、海岸沙丘和贝壳堤等。相对较弱的海洋动力和中纬度季风气候是其发育的基本特征。滦河现代河口三角洲，结构小巧，形态完整，形成历史较短，是一种典型的弧形三角洲。而滦河多沙则是三角洲发育的关键。根据近一二千年的记录，每一个新三角洲的产生、发展和完善，都与滦河河床发育的四部曲——河床淤积、床底抬高、纵比降减小，以及决口改道有关，如此周而复始。这种模式不论在河口段以上的冲积扇上，还是在河口段以下的三角洲地区均是如此。由于黄河、海河和滦河，既是多沙性河流，又是善于变迁改道的河流，再加上河北地区新构造运动——地震的频发，以及海平面的多次变化，所以海岸地貌类型也变化无常，此消彼长，动态活跃。海岸沙咀、沙坝的形态，很短时间就会有较大的变化，地震时瞬时发生的地裂键、喷水冒沙，数天内又会消失，海岸沙丘的形态，甚至一天一个模样。

（三）分异有序，对比明显

虽然本区属于各种成因的平原尾闾范围，但在南北方向上，其组成物质与地貌高差分异有序，对比明显。就组成物质来说，东部山海关、北戴河段海岸为基岩出露区，西部海岸段为松散物质堆积区。在西部松散物质堆积区中，滦河口以北为近源河流堆积的砂和砾石，滦河口至大清河口为滦河细砂、粉砂堆积，大清河口以南直至黄骅港，均为海河、黄河泥沙流——粉砂、粉砂质黏土的回淤堆积；就地貌高差来说，大石河口至北戴河口 20 m，北戴河口至饮马河口 1～2 m，饮马河口至滦河口 10～25 m，滦河口以南至大清河口 2～10 m，大清河口至海河口一般不超过 3 m，海河口至黄骅港 5 m 左右，黄骅港至冀鲁省界，仅 1～2 m，若将小山算在内，则高差可达 36 m。

（四）人为影响，反馈迅速

华北地区海岸带自秦汉以来就有了人类活动，秦皇、汉武均到过北戴河，但只是游览观海而已，对海岸地貌的变化影响不大。唐宋时期因晒盐而筑的堤坝对沿岸潮滩起到了一定的固定作用。近百年来，尤其是 1949 年以后，人类对海岸带地貌进行了大规模改造，反馈也较迅速。例如，为防止海水入侵，滦河口至大口河口（漳卫新河入渤海处）修建的大规模护岸工程，基本上限制了海岸的侵蚀；北戴河南大寺一带的造林工程，使海岸沙丘完全固定，生态环境大为改善；20 条河流的河口建闸使其上下游的河道发生淤积堵塞，不仅影响排洪，还影响了渔业发展；河道取沙加剧了海滩的侵蚀，原来大石河口外的数列放射状砾石堤被破坏无遗；因取贝壳作饲料，渤海湾西岸的贝壳堤已残留无几。

三、地貌分区及主要地貌类型

（一）地貌分区

以海岸的组成物质、形态特征及社会功能为指标，华北地区的海岸可划分为岩质—台地海岸、沙质—扇缘海岸和泥质—平原海岸三个区。

1. 岩质－台地海岸区

岩质－台地海岸区指河北省东界至北戴河口地区，为第四纪以来地壳以上升为主、太古代花岗片麻岩出露地表、由海蚀台地构成的岩质海岸区。其中，又可分出大石河口以东，台地直达海岸形成 10～20 m 的海蚀崖，崖以下为砾石滩或沙滩，岬角外侧有海蚀柱残留，低潮线以下发育有海蚀平台；大石河口至秦皇岛岬角的砾质海滩，滩上有海平面下降后的 5 道砾石堤和 1 道砂堤；秦皇岛岬角至赤土河口的海湾沙滩和滩地上波状起伏的沙丘地；赤土河口至戴河口海蚀台地直抵岸边，形成了高 20 m 左右的海蚀崖，以及崖壁上的各种海蚀穴，海蚀崖之下的海蚀平台，以及平台上的海蚀穴、海蚀拱桥、海蚀柱等。海蚀平台之间为沙滩。

2. 沙质－扇缘海岸区

沙质－扇缘海岸区指北戴河口至大清河口地区。该区已远离基岩出露的山地，并位于固安－昌黎隐伏大断裂南侧的下降盘，属于山前洪积扇、冲积扇－三角洲的前缘地区，因此河流挟带的砂质来源仍很丰富，海岸为砂质海岸。其中，戴河口至饮马河口，为主要由洋河供给的细砂组成的基本固定的低缓沙丘－沙滩地；饮马河口至滦河口，为主要由青龙河古河道细砂供给的仍在活动的高大的沙丘－沙滩地；滦河口至大清河口，为主要由晚全新世滦河冲积扇－三角洲供给的细粉砂组成的平铺沙滩地。

3. 泥质－平原海岸区

泥质－平原海岸区指大清河口以西，再以南，直至黄河口段。该段远离山区，而且是地壳长期下沉区。几乎无沙质堆积，到此的沉积物主要是黄河和海河南系支流长距离搬运的亚砂土、亚黏土和黏土，故形成了泥质海岸。

（二）主要地貌类型

以成因、现代动力过程、形态、组成物质为指标，华北海岸带地貌有 3 个中地貌类型，20 个小地貌类型，66 个微地貌类型。3 个中地貌类型分别是陆地地貌、潮间带地貌和海底地貌。

1. 陆地地貌

陆地地貌指高潮线以上、海拔 10 m 以内、以陆地营力为主形成的地貌，主要类型如下。

（1）火山地貌

火山地貌，渤海西岸有两个火山地貌残存，一是山东无棣的大山，一是河北海兴的小山。

大山，又名马谷山，位于无棣县城北 30 km，是 73 万年前中心式喷发而形成的锥形复合火山堆，由霞石岩及火山碎屑岩——火山弹、火山灰、火山砾和火山熔岩组成。海拔 63 m，相对高度 57 m，为近浑圆状孤丘。火山碎屑物堆积于南坡，其中尚夹有被烘烤的黄土。山北坡为火山集块熔岩与霞石苦橄岩等。

小山，又名马骝山，位于河北省海兴县城东 5 km，是一座形成于距今 2 万～3 万年，晚更新世晚期火山喷发形成，高出地面 7～36 m 的穹形火山锥（堆积山丘），东西宽约 1.5 km，南北长约 7 km。主要地质资源有小山和后山火山残丘，馍馍山的火山缓丘及其中的剥蚀残丘和残坡积台地、断崖、沙丘、黄土台；由火山残丘、缓丘构成的围椅状地形和环形山及火山口湖演变成的碟形洼地，是中国东部沿海平原仅有的两处第四纪晚期火山遗迹。其典型性、多样性和自然性，实属滨海平原地区独有，国内罕见，对研究古地质、古气候等都有着重要的科研价值。

（2）侵蚀、剥蚀丘陵

侵蚀、剥蚀丘陵，即分布在山海关、秦皇岛、北戴河一带，海拔 50～30 m 的低山麓剥蚀面，以及面上的孤丘——海拔 153 m 的东联峰山和的 70 m 的西联峰山。

（3）侵蚀、剥蚀台地

侵蚀、剥蚀台地，位于侵蚀剥蚀丘陵前缘近岸地带，海拔 30～20 m，后缘与侵蚀剥蚀丘陵连接，地面向海倾斜，前缘构成了 5～20 m 的海蚀台地、海蚀岬角及其前缘的海蚀崖。

（4）洪积、冲积平原

洪积、平原，由滦河、青龙河晚更新世洪积扇和内叠于洪积扇之间的滦河冲积扇—三角洲形成，海拔 5 m 以上。多为中细砂和粉砂，地面坡度 1/2 000～1/3 000。冲积平原，主要分布在大石河、北戴河、洋河河流两侧，海拔 5 m 以上，地面坡度 1/3 000 ～ 1/5 000。

（5）冲积－海积平原

冲积－海积平原，冰后期海侵之后的海退过程中，由河流泛滥沉积和海潮倒灌沉积共同构成的低平原，包括古潟湖－三角洲平原，地面标高 2 ～ 5 m，坡度 1/5000 左右。

（6）潟湖平原

潟湖平原，是指冰后期，被砂咀、离岸砂坝、贝壳堤封闭或半封闭的海域，在河流和海流充填泥沙后形成的平原。主要有渤海湾北岸的七里海，西北岸的七里海和西岸的南大港、北大港、中捷农场和脊岭泊、张家洼、崔家泊等地。

（7）三角洲平原

三角洲平原，是指河口地区河流和海洋交互作用形成的堆积平原。主要指黄河和滦河三角洲平原，地表较平坦，河流汊道呈指状分布，由中细砂组成。三角洲外围，发育有潟湖沙坝，水下部分已延伸到 10 m 等深线以下。

（8）海积平原

海积平原，主要分布在河北省乐亭县曹庄子、滦南县柳赞、唐海县四分场、丰南市毕家瞿，天津市汉沽、上古林，河北省黄骅刘洪博一线以南以东地区。其中南堡、司各庄一带，宽达十几千米，汉沽至刘洪博仅几千米，海拔 0 ～ 3 m，地面十分平坦，坡度 1/10 000 左右。若无海堤阻挡，高潮时仍会被海水淹没。由黏土质砂和砂质黏土组成。

（9）风成沙丘地

华北海岸带内，风成沙丘地和沙地分布十分广泛，有古河道沙丘地、决口扇沙丘地、海岸砂坝沙丘地、离岸砂坝沙丘地等多种成因类型。它们都是在风力作用下，经不同程度的改造形成。

2. 潮间带地貌

潮间带地貌是位于高潮带、低潮之间地带，由海浪和潮汐共同作用形成的地貌。成因多样，类型丰富，主要包括以下类型。

（1）河口地貌

黄河口以北较大的河口地貌有大口河、南排河、岐口河、陡河、大清河、滦河、饮马河、洋河、石河等。这些河流都通过潮间带入海。由于本区潮差小（最大潮差在 2 m 左右，秦皇岛、山海关一带均在 1 m 以下）、潮流弱（流速在 0.6～0.9m/s），因此，形成了许多与河流作用密切相关的河口形态和河口地貌。

（2）潮滩地貌

华北海岸潮滩十分发育，从黄河口到北港，潮滩宽度一般在 3～5 km，构成了中国典型的粉砂淤泥质海岸。从陆地向海岸大致可分出贝壳堤、高潮滩、中潮滩和低潮滩。

（3）岩滩地貌

岩滩地貌仅零星分布在秦皇岛一带，如北戴河老虎石、金山咀、小东山、鸽子窝岬角，秦皇岛岬岛和老龙头等地。这里礁石成片，大量砾石堆积在宽仅几十米的滩地上，坡度较陡（约 18°）；这里是波浪强烈侵蚀的岬角区，海蚀崖、海蚀平台、连岛砂坝及各式各样的海蚀穴组成了壮美的海蚀地貌景观。其中，海蚀崖高一般 8～15 m，最高达 20 m，海蚀平台宽 50～300 m，起伏的岩石高差达 3 m，连岛砂坝把水中的礁石与岸边的海蚀崖连接起来，长约 60 m，宽约 20 m，高出水面 1 m 左右。

（4）海滩地貌

华北的海滩主要分布在渤海北部海岸，主要由细砂组成，宽度不大，一般仅有几十米，只在河口地区才达几百米，平均坡度在 5° 左右。

（5）砾石堤地貌

砾石堤地貌主要分布在秦皇岛以东至大石河口的沙滩北缘，是大石河洪水期挟带的砾石，至河口处受横向的波浪作用和纵向的沿岸流共同作用形成，故在大石河口的西岸形成了帚状的砾石堤，而且越远离河口，砾石的粒径越小，磨圆越好。

3. 海底地貌

海底地貌是在潮汐、波浪、沿岸流、密度流等海洋动力的共同作用下，在低潮线以下的海底形成的地貌。渤海海域水浅，黄河、海河、滦河等携带大量泥沙入海，多形成浅海陆架平原，再加上河流在入海口以下地区经常改道，以及沿岸流、海平面变化的影响，使得海底地貌类型十分丰富，如海流堆积平原、水下三角洲、滨海浅滩、水下古河道、水下三角洲等。

（1）海流堆积平原

海流堆积平原分布在北戴河至张庄的滨海浅滩外缘。沉积物较粗，以细粉砂、泥质粉砂、粉砂质泥为主，是辽河、大石河入海泥沙在海流作用下，向西南运动，陆续沉积的结果。特别是秦皇岛海域，由于潮差小，潮流弱，更为海底物质堆积提供了有利条件，形成了地形十分平缓的海流堆积平原。

渤海湾以堆积地貌为主，由于曾有黄河、海河、蓟运河等泥沙的输入，形成了宽广的由泥质粉砂、粉砂质黏土及黏土质软泥组成的海底堆积平原，地面坡度为 $0.16/1\,000$。

（2）水下三角洲

随着滦河逐渐自西而东的改道，在南堡至洋河口之间，形成了分布广泛、相互叠置的不同时期的水下三角洲。其中，西部时代较老的三角洲前缘已到达水下 $15 \sim 20$ m 等深线处，东部时代较新的三角洲前缘位于水下 $10 \sim 12$ m 等深线处。

黄河入海泥沙在渤海湾南部的平坦海底上建造了圆弧形水下三角洲，北界直抵大口河口。

（3）水下古河道

渤海湾北部20 m的深水区紧贴岸边，是一条西北—东南走向的水下谷地，上段与蓟运河口相接，下段转为东西向，与老铁山冲刷槽相连。滦河口至北戴河口海底的滦河、青龙河水下古河道，曹妃甸附近的滦河水下古河道，是形成于晚更新世晚期至早全新世低海平面时期的古河道，下凹的古河道形态明显，河道中的沉积物很粗，走向多为东或东南向。曹妃甸以南的海河水下古河道，是在海河裂谷的基础上发育而成，全新世海进，沉沦海底，现在仍保留着明显的河床形态，长达 7 km，宽约 2 km，目前仍有输水输沙作用，也是大型船只出入天津港口的重要通道。

河北海岸地貌中，除去前述的中、小地貌类型外，尚有以下小、微地貌类型：

陆地地貌中的火山锥、熔岩岗地、坡地、沟谷、河床、阶地、岗地、岗间洼地、古河道、决口扇、自然堤、点坝、泛滥洼地、潟湖、潮汐通道、潟湖平地、沼泽、贝壳堤、砂地、砂洼地、新月型砂丘、纵向沿岸砂丘等。

潮间带地貌中的龟裂地、潮沟、垄岗、现代贝壳堤、沿岸砂堤、离岸砂坝、水下砂堤、湖、潮汐通道、砾石滩、砾石堤、砾石滩槽、泥砾滩、海蚀台地、海蚀崖、海蚀平台、海蚀柱、海蚀穴、海蚀拱桥、礁石、连岛砂坝、河口砂坝、河口冲刷槽、砂嘴等。

海底地貌中的水下浅滩、海湾潮流三角洲、水下砂脊、侵蚀凹地、冲刷槽、冲刷潭、潮流脊等。

四、特色地貌

华北海岸的长度虽然不长，但海岸地貌分布非常均匀。特别是典型地貌很多，主要有低山麓剥蚀面和海蚀台地地貌、海岸风成沙丘地貌、潟湖平原地貌、古三角洲平原地貌、贝壳堤地貌、牡蛎礁河口地貌、海蚀崖—海蚀穴地貌和现代三角洲地貌。

（一）低山麓剥蚀面和海蚀台地地貌

低山麓剥蚀面主要在中更新世时期形成，在河流谷地内的分级中属于第三级，出山口的形状是喇叭口状，最终成为低山麓剥蚀面。代表地形是秦皇岛市区和山海关区的浅丘地形。通常，在其他地区，比如太行山、燕山山麓地带，晚更新世洪积扇面会逐渐埋没低山麓剥蚀面前缘，只有这个地方，低山麓剥蚀面出山口后却直抵海岸，前缘经历海水涤荡形成海蚀平台，中更新世以后，海平面整体下降，海蚀平台逐渐上升形成海蚀台地。以至于晚更新世末，次间冰期的海平面上涨，海水不停冲刷海蚀台地前缘，对其进行侵蚀，逐渐形成海蚀崖，在低山麓剥蚀面和海蚀平台的形成过程中，可能由于东、西联峰山处的岩石相对比较坚硬，没有被冲刷掉，最终形成高山麓剥蚀面。

（二）昌黎海岸风成沙丘地貌

风成沙丘地貌主要分布在华北海岸带，诸如滦河、青龙河洪积扇形平原，滦河冲积扇—三角洲平原上的决口扇沙丘地、古河道沙丘地，沿海岸分布的沿岸沙坝沙丘地，以及火山坡面上的沙丘等，都属于这种地貌，尽管形成原因不一样，但都受到了风力作用的影响和改造。其中，保留最好的大面积昌黎海岸风成沙丘地貌是这个地貌的典型案例。它地处滦河口以北至饮马河口之间，南北的总长度 40 km，东西宽约 2 km，面积达 76 km²。其中，以滦河口到大蒲河口间形成的状态最好。沙丘群海岸分布平行，以链状沙丘为主，新月形沙丘数量极少。沙丘走向 330° NW ～ 345° NW，与海岸线成交叉状态。距离海岸越近，沙丘较高，通常高度在 25 ～ 30 m，向内陆部分高度逐渐降低，大约在 5 m 左右。沙丘两坡的形状也属于不对称地形，迎风部分地形比较缓，背风地形非常陡峭。沙丘的北部地区主要是洼地，经历雨季，雨水增多，最终形成沼泽，旱季有植被生长，已基本固定或半固定。

（三）七里海潟湖平原地貌

在冰后期时代，某些海域在河流和海流的作用下，经历泥沙的堆积，最终形成的平原地带被称为潟湖平原。

潟湖平原在渤海湾的北岸和西岸均有发育，最典型的当属七里海潟湖平原地貌，从今天的考察研究来看其保存很好。它地处滦河口以北和昌黎海岸风成沙丘之间向陆的地带，南北长度大约 5.5 km，东西最宽处 3 km，面积约 12 km²。上游有 3 条河流汇入，不断循环淡水，下游东北端与溺海连接，可以对海水进行定时定期的补水，从而形成不断沉积的环境。

根据地理资料显示，溺湖靠海一面，其沙地之下主要是潟湖相灰的黑色淤泥质黏土，里面含有很多有机物质，不同阶段的有机物质含量不同，中部地带较多，下部分是纯净沙层，沙层夹贝壳碎片和植物根系，淤泥基本不存在，可能为海滩沉积。潟湖挨着陆地一侧，被泛滥平原物质覆盖。因此，根据现有资料推测古七里海潟湖的范围以前很大。

（四）贝壳堤地貌

贝壳堤的组成成分主要是死亡的海洋贝壳，以及贝壳碎片等，也是在海水动力影响下形成，和高潮线部位平行。贝壳堤的形成主要是在海平面下降的过程中，在比较稳定的时期形成的，贝壳堤的数量与其稳定期有很大的关系。

渤海海岸有两处贝壳堤残留，一是渤海湾西岸天津—河北贝壳堤，一是渤海湾西南岸山东滨州贝壳堤。

1. 渤海湾西岸贝壳堤

贝壳堤是海积平原的特征地貌，分布在高潮水位以上，介于海岸潮滩与后侧海积平原，是古海岸线的标志。

渤海湾西岸共有4道贝壳堤分布，自陆地至海岸分别如下。第Ⅳ道贝壳堤，北起天津市沈清庄，向南经河北省黄骅同居、翟庄、北尚庄、王徐庄、沈庄至前苗庄，多埋藏于地下 1～2 m 深处，呈片状分布，宽约 50 m，厚 2～3 m。天津市育婴堂和静海县四小屯的地下可见其埋藏层，距海岸 22～45 km。第Ⅲ道贝壳堤，北起天津田庄坨、向南经毛毛匠、潘庄、造甲城、荒草坨、小王庄、张贵庄、巨葛庄、南八里台、中塘、大张门头至沙井子，只在巨葛庄村东出露地表 1.5～2.0 m，其余均埋于地下 0.5～1.0 m 深处，层厚 1～2 m，宽数十米至 200 m。第Ⅱ道贝壳堤，北起天津白沙岭，向南经军粮城、泥沽、上沽林、马棚口、河北岐口至狼坨子，距海岸 0～20 km。第Ⅰ道贝壳堤，基本沿海岸分布，分两段：北段起自蓟运河口，向东经涧河口至高尚堡，堤高 0.5～1 m，宽 20～30 m；南段自塘沽向南，至马棚口与第Ⅱ道贝壳堤合，堤高 2 m，宽 100 m，呈断续的垅岗状。4道贝壳堤中，以第Ⅱ道堤规模较大，断续长达 70 km，宽 10～200 m，局部宽达 200～300 m，高出地面一般 1～2 m，局部高 5～8 m。贝壳层厚度多在 2～5 m。第Ⅲ、第Ⅳ道贝壳堤已被现代冲积层掩埋，有的地段已被人为活动夷平，因此，地面残留较少，仅有的残留部分，一般宽 20～50 m，高不足 1 m，个别地段宽 100～200 m，高 2 m 左右，贝壳层厚度小于 1 m，个别达 2 m。第Ⅰ道贝壳堤规模最小。贝壳堤的横截面不对称，均是向陆坡陡，向海坡缓。

第Ⅳ道贝壳堤以西为河北省黄骅的东孙村、前苗庄、翟庄一带，还有时代更老的第Ⅴ道贝壳堤。

用历史考古法和 ^{14}C 法测年，第Ⅴ、Ⅳ、Ⅲ、Ⅱ、Ⅰ道贝壳堤的形成时代分别是约 5 000 年 BC、约 4 000 年 BC、1 700—2 000 年 BC、1 000 年 BC 至 300 年 AD、1 050—1 850 年 AD。

2. 渤海湾南岸贝壳堤

渤海湾南岸贝壳堤，即滨州贝壳堤位于山东省无棣县城北 60 km 处的渤海西南岸，共有两道贝壳堤。

第一道贝壳堤位于张家山子—李家山子—下泊头—杨庄子一线，呈西北—东南走向，长近40 km，埋深0.5～1 m，贝壳层厚3～5 m，据 ^{14}C 测定分别为距今5178±84年、5370±88年、5500±80年、5610±85年，形成于距今5000年前的新石器时代，表明了5000年前海岸线已到达张家山子－李家山子－下泊头－杨庄子一线。该贝壳堤高出地面2～3 m，距今海岸线30多 km，在杨庄子至沾化县山后村的连线向陆一侧的王家坟曾出土新石器时代的石铲，证明在4000～5000年前，已有先民在此生活。

第二道贝壳堤位于大口河－旺子堡－赵砂子一线。1992年，根据航测资料分析，这道贝壳堤由40余个贝壳岛（高于0 m）组成，长近22 km，岛宽100～500 m，贝壳层厚3～5 m，属裸露开敞型，形成于全新世晚期。据 ^{14}C 测定，西段大口河贝壳堤岛下层距今1850±75年，东段老沙头贝壳堤岛距今1690±80年。

（五）海蚀崖—海蚀穴地貌

山海关、秦皇岛、北戴河地区的地貌部位是低山麓剥蚀面，海拔高度大约是50～40 m，前面部位逐渐降低，慢慢形成海蚀台地，海拔高度大约在20～5 m。台地的前部分是海蚀崖，地貌特别陡峭，在崖壁上，有很多海蚀穴，它们奇形、大小都不统一，最典型的地形是北戴河金山咀海蚀台地。海面高度将近15～20 m，从北面的鸽子窝海蚀柱（高17 m）往南到南天门，中间流经东缘海蚀崖和南缘的海蚀崖，总长约1.5 km。在柱壁，以及崖壁上都生长着海蚀龛、海蚀穴、海蚀槽、海蚀洞、海蚀沟、海蚀拱桥。海蚀崖前缘有海蚀平台，这些平台都比海绵高1～2 m，在不同的平台上还留着海蚀壶穴的痕迹，比如基岩和后缘砾石的平面上都有这种原型的痕迹。

（六）三角洲

渤海海岸发育了两个三角洲，一个是从渤海西南岸入海的黄河三角洲，一个是从渤海北岸入海的滦河三角洲。

1. 黄河三角洲介绍

1855年，黄河在铜瓦厢经历了决口之后，最终形成了现代三角洲，这主要是在渤海西南岸地带入流的时候形成的。主要包含两期三角洲，第一个大约在 1855 年，发源于宁海，西起套儿河口，南抵支脉沟口，约 5 400 km²，最终形成了两个亚三角洲体系，这个三角洲体系分别以盐窝—肖神庙、盐窝—太平镇为中轴，这两个三角洲体系的形成，造就了 23km²/a 的陆地面积，推进海岸线 0.15m/a。第二个大约在 1934 年，发源于渔洼，西起挑河，南到宋春荣沟截止，大约占地 2 200 km²，形成了亚三角洲 3 个体系，分别以甜水沟、神仙沟和钓口河为中轴，这个过程造就 23.5km²/a 陆地面积，海岸线推进 0.42m/a。

因为黄河三角洲的地形呈扇形，因此被称为扇形三角洲，在结构上属于二元相结构，由于河流的冲积物导致海相层覆盖最终形成，地势非常低平，西南部分相对高，高度 11 m，最高达 13.3 m，位于利津的南宋乡河滩，中部老董—垦利一带，海拔高度约 9～10 m，低处罗家屋子一带约 7 m；东北部分相对较低，最低约 1 m，地面坡度下降大概是千分之一到千分之二。

黄河河床的骨架结构，是区内地面上的主要分界点。主要由黄河三角洲的新的堆积体组成，除此之外，还有老堆积体经过不断冲刷被不停淤淀，三角洲平原的主要特点是大处平坦、小处不平，地貌复杂，地形非常崎岖，主要的地貌类型有河滩地，主要指的是河道，河滩高地、故道、决口扇、淤泛地、平地、河间洼地、背河洼地、滨海低地、湿洼地，以及蚀余冲积岛和贝壳堤（岛）等。

20 世纪 60 年代以来，黄河上下游情况发生变化，上游受到拦截，造成下游断流，因此从入海的泥沙量来看，数量在不断减小，出现的海岸蚀退现象很严重。比如，1964 年 1 月至 1976 年 5 月的 12 年间，神仙沟入海口，沟两侧的海岸线平均蚀退大概是 2.8 km，蚀退速率达 225 m/ 年；1976—2004 年的 28 年间，老黄河口地区，水深线 0 m，陆地推进速率是 425 m/ 年，从当前情况来看，已经处于油田内部。

2. 滦河三角洲情况介绍

滦河，主要是在渤海湾北岸，具体在入海口附近，进行现代三角洲的发育，1915 年，滦河流经八爷庙大沙丘有了突破，并且超覆古潟湖，因此形成了现在的地形，从历史年代上看已经经历了数百年的历史。其宽达 9 km，面积达 370 km²，范围北起塔子沟，南至网子沟，地面的坡度情况非常陡，约为 3%。1985 年测量表明，三角洲伸进海里的距离约 9 km 左右，速度是 123 ～ 138 m/ 年，在性质上属于弱潮汐堆积类型的三角洲。在前端的发育地带有岸外沙坝。三角洲在地势上非常平坦，主要地貌有河床、汊道、潮沟等。河流汊道呈放射状发展，左侧汊道偏多。主汊道呈现出微弯曲型，形成边滩，以及冲沟。潮沟位于整个三角洲的边缘地带，呈现出并行的状态，都比较短小，向内侧尖灭的状态，只有很少一部分潮沟可上伸至三角洲的中部。粉砂、粉细砂和亚砂土互层是主要构成成分，砂层中呈现水平层理。在三角洲外围，附近的岸外沙坝发育良好，坝内为潟湖。潮流通道沟直接与外海和潟湖相连。沙坝之外的地带有水下三角洲，前缘延伸到海面以下 -13 m 等深线。

20 世纪末期，滦河入海水量逐渐减少，造成泥沙量迅速减少，滦河三角洲的前缘岸线有蚀退的现象，速度非常的快，最大达 10m/a，滦河河口口门后退达 300m/a。据现在观察，海岸蚀退速度已经放慢，但整体的地形格局已经发生了很大的变化。

（七）蓟运河河口湾—牡蛎礁平原海岸的介绍

北起天津市宝坻县南里自沽、东老口扬水站、黄庄、苑洪桥一线，南止于北塘青坨子，东至河北省丰南县大吴庄、天津市宁河县裴庄，西界潮白新河，面积可达数百平方千米，埋深 1 ～ 9 m 处，分布着 11 列东西方向延伸的牡蛎礁。通过鲸鱼、海豚骨骼的调查分析，确定是浅海河口湾环境。从 26 个 ^{14}C 定年看，形成于全新世中期的 5 000—1 000 年 BC。

牡蛎礁的组成成分是长重蛎，以及近江重蛎，除此之外，还有为数不多的长牡蛎，及近江长牡蛎，这两种动物都属于软体动物，而且是双壳类，外壳长度 20 ～ 50 cm，身高 10.2 cm，个体身长且大，身体纹路显示清晰，其背腹处，年轮有 27 个之多。个体良好的生长反应，说明该处水环境非常适合动物的生长。在平原北部发现鲸骨、海豚骨，从形体上分析都比较大，^{14}C 年代通常在 5 000 年之前，主要把全新世中期，海平面较高时的状态体现出来，水深的区域主要集中在北部区域的河口湾地带，以往我们都认为是潟湖，这个岛的特征是内浅外深，后来逐渐消失，河口湾的环境非常好，水质清澈，而且透光，既含有活动水体，又含有半咸水环境，里面有大量的悬浮物质，而且还具有径流与潮流，这是双向水流，这里偏属于温带河口湾地带。大约在公元前 3000 年至公元 1128 年，由于多次于入海天津，牡蛎礁在那时停止发育，其原因是在如海的过程中，输入了改变海域成分及水质的淤泥黏土物质，造成了渤海湾北部的海水的整体变化。但是，据相关资料显示，可能与北魏至隋朝时间段内，漯水汇入鲍丘水后，即今永定河汇入今潮白河后，形成的三角洲的关系更为密切，三角洲以宁河县潘庄为顶点，向东不断地发展，形成了三角洲地带。

根据 ^{14}C 的标准进行校正定年，通常 11 列牡蛎礁为一个标准，是 8 列古海岸带的代表，自北而南进行排列，分别是东老口—黄庄的礁 I，年龄最老是 7 700 年 BC，礁 II、礁 III 主要处于大吴庄、俵口、晋口河处，在全新世中期，气候相对温暖，在高海面期形成，年纪较小的礁 VIII，主要处于北塘，时代为 1 000 年 BC，大神堂海区还有近代礁体发育见表 2-1。

表 2-1 渤海湾西北岸平原牡蛎礁位置形成年代

礁群编号	地点	起讫时间 / 历时（BC）（a）	礁体顶板高程 /m	礁体底板高程 /m	距现代岸线 /km
I	东老口 - 黄庄	7775 ～ 7625/150	约 -1.1	约 -2.6	约 50
II	大吴庄	7170 ～ 5650/1520	约 -3.2	约 -8.8	约 40
II -1	史庄、姜庄、毛毛匠	6880 ～ 6440/440	约 -2	约 -4	约 40
II -2	大海北、小海北、桐城	6470 ～ 6270/200	约 0	约 -2	约 32
III	俵口 - 岭头	5800 ～ 4070/1730	-1.82 (-2.20)	约 -7.6	约 30
III -1	晋口河	5290 ～ 3870/1420	约 3.1	约 -7.7	约 28
IV	七里海	6870 ～ 6190/680	约 -2.3	约 -6.3	约 24
V	北淮淀	3210 ～ 2630/580	-2.44	约 -4.4	约 21
VI	于家岭	2140 ～ 1650/490	约 -1.8	约 -3.3	约 15
VII	营城	1555 ～ 1445/110	约 -1	约 -2	约 7
VIII	北塘	1170 ～ 950/220	约 -1	约 -1.4	约 1
IX	大神堂海区	现生（可能已存活数百年）	约 0	约 -3	约 -7

注：在现代岸线北侧、西北侧（现代岸线向陆一侧）的礁体，与现代岸线间的距离，习惯上以正值表示；现存于现代岸线南侧、东南侧（向海一侧）的活礁体与现代岸线间的距离，以负值表示

（八）人为因素的地貌

渤海沿岸地区的人类活动的时间，大概要追溯到战国时期，在 20 世纪

中世纪，很多的古城址，以及古墓址都保存完好。从唐代以来，盐池的发展流传到今天，并得到了不断的发展。1959年—1969年，经历10年的发展，很多防潮堤已经破损。近年以来，因为渤海油气资源的开发，出现了很多人工岛，形成了渤海海岸特殊的人为地貌。

1. 盐田的介绍

盐田经历了时间的锤炼，成就了面积巨大的特殊地貌。地势非常平缓、淤泥质段较多，平均降水量比较小、但是降水量非常集中，同时蒸发量非常大，近海区域的盐度非常高，这些都是盐田的优势。盐田主要盛产海盐，这也是我国海盐的主要产地之一。据相关数据分析，河北地区大约有68个盐场，总面积约84.69万亩，仅仅"六五"期间，原盐的产量达到了1 126.65万t。

长芦塘沽盐场是我国著名的大型海盐场，地处天津海河口的两侧地带，面积约260 km^2。长芦塘沽盐场是南宋（1265年）建立的，与天津葛沽镇的丰财场，刚开始都是为了煎盐才建立的。在清初年间，将海水引于此地，进行晒盐。建国以后，随着国家的不断建设，产盐量每年可达100万t以上，占全国海盐产量的百分之十。

2. 人工岛的介绍

近年来，随着渤海油田开发，人工岛兴建。截止到目前，渤海大约有十来个人工岛，其中著名的有埕海1-1人工岛、埕海2-2人工岛、桩西岛、JZ9-3油田人工岛等。值得一提的是，著名的"老168井组岛"，这是中国石化胜利油田在海油陆采时开发的岛屿。总长250 m左右，宽120 m左右，总面积达3万km^2。以陆地为基准约8 km高。岛上大约有50多台抽油机，每天不停地抽油，被人们誉为"海上航母"。除此之外。还有黄骅海域著名的埕海1-1人工岛，总面积2万km^{2}左右，进海路长达5.5 km，由三部分组成，分别是进海路、人工井场和井口槽。

第三章 华北旅游地貌形成的内外动力作用

第一节 大地构造运动

地壳运动的表现形式主要是构造运动，一般可以将其分为造山运动（褶皱运动）和造陆运动（震荡运动）。造山运动可以将整个过程分成多个不同的阶段，该划分的过程被称为"造山幕"。而具有关联性的多个"造山幕"可以形成一个造山旋回，把它称作"构造旋回"。

同时代的地壳运动对华北地区地貌的形成和演化具有重要的影响。产生于新生代以前的构造运动，形成了古地貌和地貌的进化史。新生代时期喜马拉雅造山运动的第一幕和第二幕对古近纪和新近纪地貌，如山地、盆地的外观形态、风貌特征、分布位置和格局进行了有效的控制和雕琢。喜马拉雅造山运动的第三幕即第四纪新构造运动，对第四纪河谷地貌的外观形态、风貌特征、分布位置和格局进行控制和雕琢，同时还对古近纪和新近纪山地、平原地貌的外观形态、风貌特征、分布位置和格局进行了大规模的调整修改，并在此基础上有内容的增加。本节主要是对华北地区的大地构造分区、发展和新的构造运动内容进行详细地介绍。

一、大地构造分区

我国是根据大地构造的活动性及其稳定性对大地构造的单元进行划分的，划分类型包含地台区、地槽区，小部分的北部地区属于地槽区外，剩下的大部分华北地区都属于地台区范围内，因此，也被称作为华北地台和中朝准地台（II），其中包括内蒙古台背斜（II_1）、燕山褶皱带（II_2）、山西台背斜（II_3）和华北拗陷（也叫河淮台向斜，II_4）；北部小部分的地槽区属于内蒙古—大兴安岭褶皱系中的二级构造单元。

其中还能将华北拗陷单元分为十个第三级构造，冀中拗陷（III_1）、沧州隆起（III_2）、黄骅拗陷（III_3）、埕宁隆起（III_4）、渤海中部隆起（III_5）、济阳拗陷（III_6）、临清拗陷（III_7）、内黄隆起（III_8）、开封拗陷（III_9）、武陟隆起（III_{10}）。

二、大地构造发展史

通过对地球 40 多亿年的演变历史进行研究，发现华北地区到现今为止，共经历了大大小小不同等级的十几次构造运动，在这其中，吕梁运动、五台运动和喜马拉雅运动均对地层、岩性和地貌产生了密切的联系。

根据褶皱硬化程度和断裂活化时期两个方面的差异性，将中朝准地台和内蒙古—大兴安岭褶皱系划分成中朝准地台地质发展史和内蒙古-大兴安岭褶皱系地质发展史两个发展演化阶段。

（一）中朝准地台地质发展史

中朝准地台地质的演变史又可分为以下三个阶段。

1. 古代-早元古代——基底形成阶段

太古代-早元古代是迁西期的早期形成阶段。最早是由于在迁西、密云、遵化、迁安、怀安一带火山爆发，大量的以火山岩石为主的堆积物在迁西一代保留了下来，陆壳与洋壳慢慢分离，逐渐形成了太古界与古元古界准地台的结晶基底。据分析，自公元前 3 500Ma 至公元前 1 700Ma 间，中朝准地台经历了不低于四次的构造-热事件的叠加改造。通过对准地台岩石组合、原岩建造、接触关系的发展变化，并结合变质和混合岩化的差异程度进度对比，可以更为明确地划分为与四个构造旋回或地质历史发展阶段相对应的四个群。

（1）早-中太古代,迁西群的初步形成原因是由于火山喷发堆积而产生的，主要分布于 $40°N \sim 41°N$ 地区，整体外观以东西方向的带状呈现，其堆积物的主要成分以多旋回喷发的火山岩和火山碎屑岩类为主，内中夹杂着含铁硅质岩的陆核，整体堆积物的上、中部分区域呈现为中酸性，而底部区域则主要为基性。在此时期，山西大部分的地区由于地壳的下降及堆积物的产生，导致其一直处于较为稳定的浅海状态，并在此基础上构建了数个以长石砂岩、富镁铁质泥岩-碳酸盐岩组成的旋回。中太古代末，河北的迁西运动使得原本的岩深变质向麻粒岩和其他各类片麻岩转变，在短时期内可能形成短轴褶皱-穹窿或卵形穹窿。在此阶段之后，褶皱的产生次数逐渐减少，沉积物也在同步减少，最终基本形成了山西古老陆核。

（2）晚太古代早期，笔者大致推测陆源碎屑岩的演变发展主要以陆核带为主，并向南、北两方广泛发育，其发展过程横向增长，边缘拗陷。通过对前2 800Ma的构造—热事件进行分析，其由于拗陷带全面褶皱回返，地壳垂向增厚，范围增生扩大，同时在区域编制和面型混合岩化的双重作用下，使其褶皱被固结，导致阜平群产生的褶皱逐渐演变成山。

（3）晚太古代晚期，在此时期，陆核已趋于固结状态，河北地区由于一套五台群或双山子群的火山—沉积岩系在陆核上面进行了沉积，促使河北形成了三个沉积构造带，它们分别是位于北部沿东西向的丰宁—隆化深断裂、沿北北东向的青龙—滦县大断裂、太行山深断裂的中段。山西则受到拉张影响，形成了平行发展的海槽，分别为五台—吕梁裂陷海槽和赞皇—绛县裂陷海槽。华北全区在距今2 500Ma前后产生了五台运动，对其整个区域的形成造成了影响，致使出现的不同方向不同形状的活动带褶皱被封闭，部分零散分裂的基地进行了初步的焊接，于是，形成了中朝准地台的结晶基底雏形，以及大规模的岩体入侵，这也是整个华北地区第一次大规模的岩体入侵。从以上分析可以看出，五台群的构造旋回对准地台基底地壳的演变影响重大，是其发展演变的转折点。

（4）早元古代主要以甘陶河群或朱杖子群为主，河北的底砾岩层厚度达到百余m，并继承着前期两条北北东向且外形呈带状分布的裂谷。山西的滹沱海盆、岚河—野鸡山海盆、甘陶河海盆、中条海盆四个盆地，产生于其前两个海盆两侧的海盆中，这四个盆地都先后沉积了海进式沉积和中期的基性火山岩，其中海进式沉积是由早期砾岩、砂岩、泥岩、碳酸盐岩组成的。以此可以推出，这个方向的断裂活动最为剧烈，在这之后，是类复理石建造过程。从太行山沉积—构造带仍然发生大量拉斑系列玄武岩火山的喷发，可以证明古裂带仍处于不断的发展中。距今1 850Ma前后，由于吕梁运动而导致褶皱的回返现象，甘陶河群和朱杖子群受主幕影响也产生轻微变质。在此之后，在局部小型山间盆地处有类磨拉石建造的东焦群堆积。距今1 700Ma前后，褶皱最后封闭，基底岩石被剥蚀、夷平，准地台的发育历史结束。

2. 中元古代—二叠纪 —— 盖层发育阶段

在准地台的结晶基底基本形成后，华北地区的构造演化进入时限长短不等、升降交替的脉动状态和相对稳定的盖层发展阶段，盖层的发育阶段详细可以列为"三降两升"5个不同地质的演化史。

第一个沉降时期——中元古代-晚元古代早期。盖层发展阶段开始于沉积在地台结晶基底夷平面上的长城纪石英砂岩-砂页岩-碳酸盐岩建造。北部断块的活动主要以东西向断裂为主，由于受到此活动的影响，北部断块南侧方向的地壳长期沉降，并海进，导致形成了以碳酸岩为主的"裂谷型"中-上元古界，其厚度最高达万米，为典型的构造蓟县层型剖面。

第一个抬升时期——晚元古代晚期。基本到公元前 850 Ma 左右，华北前期的沉降区域逐渐开始回返，到公元前 550 ~ 570 Ma 时，除燕山一带的小范围外，整个华北地区区域均遭受了剥蚀、夷平过程，造成蓟县系、青白口系和震旦系的缺失，华北大地第一个准平原时期就此产生。

第二个沉降时期——寒武纪-中奥陶世末。此阶段中，第一个沉降时期的海域轮廓仍保持着，山西省和河北省的海域分别以南向北、以东向西的方向逐渐扩大，形成了主要以异地碳酸盐岩建造的稳定海相系列。其中，张夏期的海进其海域最为宽广，海水也达到了最深，主要为鲕状灰岩沉积，达到了此阶段的高峰值，进一步说明了地台的发展逐渐趋于成熟性。早、中奥陶世之间发生了一次地壳的上升运动，致使了地层的假整合接触。

第二个抬升时期——晚奥陶世-早石炭世。此阶段的构造运动大体与加里东运动相符，都普遍缺失了中朝准地台区域，晚奥陶世、志留纪、泥盆纪与早石炭世沉积现象，上地层与下地层之间的假整合接触现象，都昭示了华北大地第二个准平原化时期的产生，且该准平原化的地表产生了大量的铁、铝物质。

第三个沉降时期——中石炭世-晚二叠世。此沉降区的总体范围与前一期的海域轮廓较为相似，此范围内区域经历了第二抬升期长期风化剥蚀及中、晚石炭世的滨海平原的海陆交互相沉积，主要为含煤单陆屑建造。二叠纪初期发展为陆相盆地建造，在此时期内，以陆相稳定系列的单陆屑含煤建造沉积为主。进入晚二叠世后，海平面开始下降，并逐渐退出华北区域，地面上出现了红色为主的河湖相、陆相建造，且近古陆边缘一带也出现了火山岩和凝灰岩的夹层，此现象充分证明了准地台的演化史已正式进入强烈活动阶段的前期。

3. 早三叠世—现代——强烈活动阶段

在二叠纪之后，华北地区进入活化阶段，标志着海进历史已经过去。华北地貌经历了印支运动、燕山运动和喜马拉雅运动三个影响范围比较广的构造旋的影响，以北北东向的大中型隆起和断陷活动为主。除此之外，还受到了来自盖层褶皱、断裂变形、大规模岩浆喷发和侵入活动的大范围影响，成就了华北地区崭新的地貌演变过程。

三叠纪只存在一幕造山幕，产生于中、晚三叠世之间。可根据此判断出早、中三叠世的过渡期。中三叠世末，印支运动的波及范围使得下伏地层存在部分不整合或者假性整合接触，可以说明此阶段的地壳运动较为活跃。到晚三叠世，以暗色复陆屑为主，进一步说明地壳运动逐渐增强，渐渐演变为太行山深断裂带为界，以西拗陷，往东慢慢崛起，受到剥蚀，只有在小型的盆地内发现存在湖沼相暗色复陆屑，这标志着华北地区初步东隆西拗地貌景观的实现，同时也标志着印支旋回结束。

燕山旋回运动，出现于侏罗纪—白垩纪时期。在此阶段，地貌构造复杂化，火山频发，华北整个地区的地貌发生了很大变化，产生了大规模且数量较多的褶皱与断裂。其中，燕山属于典型代表，关于燕山的地史记录相当齐全，燕山地区地壳活动呈持续化发展，其构造阶段也相当明显，除了河北，中国东部的其他地区也都受到此影响，可见影响之广。我国地质界将其称为燕山期的构造运动。

燕山运动在经历了后始动期、发展期、激化期、调整期后，在中—晚白垩世逐渐结束，到白垩纪末期，燕山整个地区普遍抬升并受到剥蚀夷平，彻底结束了燕山期的造山运动。

在早侏罗世始动期，玄武岩的喷发影响了燕山的旋回运动，致使在盆地中堆积了杂色含煤复陆屑建造，主要以河沼相为主。其整体的构造仍为北部的东西向、西部的北北东向和晋北、冀西北地区两种作用力共同影响的北东东向。

到中侏罗世发展期，地壳活动持续发展，在保持构造格局不变的情况下，其先后经历了河流相红色砂泥岩（云岗组）和砂砾岩堆积（九龙山组）、裂隙式中性火山岩喷发和岩体侵入（髫髻山组）及以红色砾岩为主的类磨拉斯建造。

在晚侏罗世激化期，地壳的应变部位受到南东、北西两个方向不断挤压，造成开裂，地底大量的岩浆往上涌，导致地壳活动进入了最高潮阶段。此时，堆积物为一套以酸性为主的陆相火山岩建造，后来还接受了大量的中酸性岩浆。到期末时，地壳的构造运动处于最激烈时期，其主要特征包含：以北北东向活动数量多、活动幅度大、活动切割较深。太行山区的塑性变形发展转变为脆性变形发展，形成太行山断裂带，西盘的累计抬升高度将近 2 000 m 左右。

早白垩世调整期，堆积物主要分布区域为大同—天镇—赤城—平泉一线以北的山前倾斜平原和断陷盆地。其中，山前倾斜平原的堆积物为冲积扇砾岩、湖相泥岩、含砾泥岩、灰岩等相间的左云组，而断陷盆地的堆积物为中性火山岩、复陆屑含煤或油页岩，堆积物进行了建造重复叠加。尚义—平泉深断裂以南的燕山和太行山区范围内，除去少数的断陷盆地（如北京西郊、临城），其他区域范围均遭受到了剥蚀。

中—晚白垩世结尾期，燕山运动接近尾声，整个地区普遍向上抬升，其在大同、阳高、天镇、万全、张家口一带的古断块山前缘产生了大范围的凹陷，凹陷中出现了大量的堆积，堆积物为一套以巨厚层红色砂砾岩为主的类磨拉斯建造（南天门群）和曲流河—湖泊相的红色泥岩和灰白、灰黄色砂岩互层的助马堡组。到晚期时，地壳活动频率降低，其古地形也逐渐被夷平，最后发展为细的砂泥岩堆积岩。至此，才形成了华北历史中的第三个准平原期。

喜马拉雅造山运动是距离现在最近的一次构造运动，它产生于地壳稳定、地面被剥蚀夷平的中—晚白垩世燕山运动末期，并且先后经历了古新世的稳定期，华北地面特征以夷平、填充、风化为主，华北大地也未出现古新世沉积；始新世的孕育期（第 I 亚幕），石家庄、邯郸以西，北京、唐山以北地区受到地壳抬升而遭受剥蚀，邯郸、石家庄、北京、唐山以东、以南地势下降明显，产生了多个相间排列的北北东向裂谷，且裂谷内形成了以粗碎屑物质为主的堆积（孔店组）；渐新世的稳定期，西、北部地面进一步抬升受到剥蚀，东部裂谷扩大发展成为盆地，形成以细碎屑为主的堆积（沙河街组和东营组），末期地壳活动相对稳定，地表平面遭受剥蚀夷平。到达新近纪中新世初期的活跃期（第 II 亚幕），地壳活动再次加剧，致使东部裂谷中间的山地形成大盆地，与接受的西部山区物质形成了河流相—河湖相堆积（馆陶组）。山西省缺失渐新统上部和中新统。河南省北部的中新统与渐新统之间属于不整合面。到上新世时期，地壳又趋于相对的稳定，山地受到剥蚀、夷平，平原也受到河湖相的细粒物质堆积（明化镇组）。第四纪的新构造运动（第 III 亚幕），太行山、燕山地区地壳产生急剧抬升运动，原有的平原持续下降，西北部方向的山地北东向进行拉张断陷，至此产生了怀来盆地、蔚县盆地、大同—阳原盆地、忻州—原平盆地，各盆地和平原都堆积了第四纪河、湖相物质。河南省北部山地下更新统与上新统属于不整合接触。

（二）内蒙古—大兴安岭褶皱系地质发展史

内蒙古—大兴安岭褶皱系的主体形成于内蒙古草原和大兴安岭的山地中，本区仅介绍了其南部元古代至古生代地槽南部边缘的一小部分北纬 42°以北的地区。其褶皱系的发展大体经过了前期旋回、主旋回、后期旋回和喜马拉雅构造旋回 4 个阶段。

1. 前期旋回阶段

化德群是最早的沉积层，其原岩为砂砾岩、黏土岩、碳酸盐岩，推测其属于元古代，主要分布位置为中朝准地台北缘，到后期时，受到轻微高绿片岩相变质过程，其褶皱回返的时间可能为前海西期。

2. 主旋回阶段

沉积地层为早二叠世三面井组地槽型中性火山岩—杂陆屑式建造，属滨海—浅海相。早二叠世末，海西旋回发生褶皱回返，并伴有大规模超基性—基性—酸性岩的侵入。

3. 后期旋回阶段——燕山构造旋回

由于该强烈活动的开始时间较晚，导致其活动范围发展缓慢，直到激化期的中晚期（张家口期）时，才第一次达到康保—围场深断裂以北的地区，正是由于其发展的缓慢性，在发展的过程中堆积了超过 7 000 m 厚度的晚侏罗世张家口组陆相酸性火山岩和早白垩世中性火山岩－碎屑岩。随着燕山运动越来越强烈，形成了北北东向和北西向断裂活动。到达燕山运动末期时，整个地区地面大范围抬升，并受到剥蚀，致使缺失古新世沉积，其相邻的大兴安岭等山地区域发展成为较好的夷平面。

4. 喜马拉雅构造旋回阶段

内蒙古草原与大兴安岭山地地区与中朝准地台发育的历史大体相似，分别位于古近纪和新近纪末期，在这其中，渐新世时期，山地是准平原，山前的盆地形成河湖相堆积；中新世时期，渐新世时期的准平原受到抬升影响，变成了山地夷平面——甸子梁期夷平面，火山岩将山前盆地的河湖相地层进行覆盖，出现了坝上高原面；上新世时期，壶流河组红色黏土风化壳对其进行覆盖，产生了唐县期夷平面，也是现今坝上高原的地貌景观。

第四纪以后，坝上高原与华北山地的构造活动，以尚义—平泉深断裂为界，又开始分异。前者为慢速整体南高北低的斜掀抬升，地面侵蚀切割较弱；后者为快速块体北高南低的斜掀抬升，地面遭到强烈切割。

三、新构造运动与新构造

新构造运动是指发生与距今 250 万 a 的第四纪以来地壳的升降变动，也是属于新生代喜马拉雅造山运动幕中的第 III 幕。新构造运动主要指形迹的构造。新构造的表现之一：地震活动，地震产生的崩塌、滑坡、堰塞湖、地裂缝、地面垂直升降、水平错动、地面塌陷、喷水冒沙等都属于新构造的形迹。地震对地貌的影响非常重要，特别是国家的经济建设，因此，需要改变对新构造运动的重视情况。

（一）新构造运动的形迹

新构造运动的形迹，大致体现为多层地形及其变形，水文网结构与河谷形态，水系变迁与河流改道，岩相变化与岩性组合关系，火山、地震活动，地层变形，地表垂直形变等。以上说的这些形迹中，华北大地都出现过，并且客观存在过。

1. 多层地形及其变形

多层地形是指在内外营力相互作用下形成的两级或两级以上的层状或阶

梯状的地貌。华北山地第四纪切割谷内，均有四级阶地发育。在可溶岩地区均有4层水平溶洞发育。二者的拔河高度完全可以对比。在冲沟口的山麓地带，有3～4层叠置洪积扇－洪积裙发育。在太行山东麓有中更新世洪积扇、晚更新世洪积扇和晚全新世冲积扇叠置发育，在燕山南麓也有中更新世洪积扇、晚更新世洪积扇和晚全新世冲积扇－三角洲侧叠发育。拒马河冲积扇嵌入在洪积扇内发育。新近纪末期夷平面——唐县面在太行山东麓发生了断裂解体，构成了低山和丘陵顶部两级面。横穿太行山、燕山河流的四级阶地均发生了上拱变形。

2. 水文网结构与河谷形态

正常情况下，水系都为羽毛状的水系，其他水系诸如辐射状水系、聚心状水系、环状水系、不对称水系、倒钩状水系等，都与新构造运动紧密联系。华北地区的辐射状水系，其主要代表为都山、白石山、东猴顶的穹形隆。典型环状水系为闪电河，其水系的形成与穹状隆起或环状断裂构造密切相关。聚心状水系的代表为大清河、滋阳河、北易水，其形成过程与拗陷构造相关。倒钩状水系结构的代表为万全的古城河、井陉绵河支流的松溪河，其形成结构与河流袭夺相关。此外，河谷还出现了嶂谷、"V"型峡谷，此形态都表明其经历了地壳的强烈抬升运动和河流的下切活动。

3. 水系变迁与河流改道

华北山地的水系结构在经历第四纪初期至早更新世末期时，出现了一次较大的变化发展。东西向河流对原流入黄河水系的南北向河流——浊漳河、滹沱河、清水河进行袭夺，使原流入黄河水系的河流改为流入海河水系，此现象说明太行山的向上抬升运动，使得东西向河流的侵蚀速度加快。原南北方向流入洋河的桑干河，也转变为向东流入阳原盆地内，此现象说明断线的盆地也处于强烈的下降过程中。

4. 岩相变化与岩性组合关系

岩相的变化包含成因和粒度的变化。陆相以山地的抬升活动为主，海相以海盆的沉降为主。河流相砂砾石是陆相地层中以抬升为主的山地，而湖沼相的黏土、亚黏土则表明是以下降为主的洼地。当黏土、亚黏土厚度越厚时，表明其下降的时间长，或者沉降速度快。碎屑残积层作为岩性的组成的一部分，不仅是干冷的气候环境的象征，也标志该地区以抬升为主；红黏土残积层，不仅是暖湿气候的表征，也说明了底壳沉降的稳定性。重力的堆积物大多情况都形成于坡度较大的强烈上升区和由此而引起的强烈下切区。

5. 火山、地震活动

火山和地震是地球应力量变积累到质变释放的突发过程，也是地壳新构造运动的体现形式。山西大同第四纪晚期火山喷发，经发现在华北平原、大同—阳原盆地第四纪地层中夹有多层熔岩流，此情况充分说明曾发生过数次火山活动。经历史考究表明，在古代和近代，地震都发生得比较频繁，如太行山前深断裂带上发生过 1536 年通县东 6 级地震、1658 年涞水 6 级地震、1665 年通县 6.5 级地震、1679 年三河平谷 8 级地震、1730 年北京西郊 6.5 级地震，地震次数共 5 次。此外，在邢台、唐山的深断裂也曾发生过 18 次 6 级以上的地震，其中包括 4 次 7 ~ 7.9 级地震。频繁的地震，也充分体现了华北地区的新构造运动是一个强烈的运动过程。

6. 地层变形

地层变形包含第四纪的活动断裂和现今活动断裂。第四纪的活动断裂在冀北山地发生的次数较为频繁，如赤峰－姜家营子断裂、阜新－康保断裂、凌源－隆化－丰宁断裂等。特别是在经历了高强度的断块升降运动后，最终产生了许多断块山地——地垒和断块盆地——地堑；现今活动断裂的发生处于第四纪地层内，如泥河湾盆地中小长梁断层、大同桑干河及其两岸断层。其中，蔚县南山北麓的断层崖最为典型，其断层长数十千米，高度也超过千米，其崖壁上布满了断层三角面、谷口洪积锥。

7. 地表垂直形变

通过对 2006—2010 年华北平原地表垂直形变速度场的数据结果进行分析可以知道：①研究区大范围地区处于地壳下沉状态，形成以北京、廊坊、天津、沧州、泊头—德州等城市为中心区域，并向外扩展的地表沉降发展趋势，几个沉降中心的平均沉降速率分别达到了 -34.7 mm/a、-26.3 mm/a、-64.2 mm/a、-34.6 mm/a 和 -37.7 mm/a；②研究区最大沉降带沿北北东向展布，与区内断裂分布一致，表明沉降的空间分布受到断裂带控制；③

地表沉降的空间分布特征表明，城市工业化的发展和生活地下水的过度抽取，是造成地表沉降严重的主导因素，农业灌溉和油气开采是导致整个华北平原地表大范围沉降的另一个重要因素。

上述分析的现象中，平原地面的变化除了人为活动的影响外，剩下的全部为新构造运动的的影响。

（二）新构造类型

当发生新构造运动时，新的地貌形迹也随之变化，根据以上的表现形式进行分析，可以将华北地区划分为以下4种新的构造类型。

1. 升降构造

升降构造主要为多层地貌面，如太行山、燕山河流谷地内的4级河流阶地和可溶岩地区的4层水平溶洞；华北平原下降盆地第四纪地层中的4期埋藏地貌面和2期堆积面。

2. 断裂构造

断裂构造主要有断层、断层崖、断层三角面、断裂谷、地堑、地垒。例如，阳原—蔚县盆地（地堑）和六棱山地（地垒），以及第四纪仍有继承活动的太行山前深断裂带和沧州—大名深断裂带。

3. 火山构造

火山构造包含火山口、火山锥、火山熔岩流、火山岗地、火山台地等。例如，平原地区早、中、晚更新世火山喷发，山地地区中更新世乌良台、围场火山和晚更新世东井集、小山火山等。

4. 地震构造

地震构造包含地裂缝、喷水冒沙、陷落洼地、地震鼓包、隆起、断裂、崩塌体、滑坡体等类型。例如，邢台、唐山地震造成的大量地裂缝、喷水冒沙，以及陷落洼地、地震鼓包、地面平行错断与位移。

（三）新构造运动特征

1. 构造方向的继承性

从第四纪以来，断裂是华北地区新构造活动的主要类型。在空间分布上和方向上，活动性断裂都延续了燕山期断裂构造线。即在断裂的构造方面，与燕山运动中、晚期形成的北东向压性结构面和北西向张性断裂发展成的张扭性断裂体系大体相同，华北地区的新构造、地貌形态及水系发展仍然受到燕山期断裂构造线的控制。

2. 构造力学性质的新生性

华北地区在新构造的结构化力学方面有新的变化，如燕山运动早期（早侏罗世）形成了相互隔开的山间盆地，盆地内都有陆相含煤地层的堆积。在燕山运动晚期，构造运动的程度较为强烈，出现褶皱、断裂，还发生了中、酸性岩浆岩的侵入。并在北西—南东方向压应力影响下，产生了北东向、北北东向的褶皱及压扭性断裂带；到达第四纪以后，构造发生改变，变为北东—南西方向的应用，在此影响下，使原来北东向压性断裂结构面发生了反向运动，致使结构面将压性或压扭性转变为张性或张扭性的力学属性，最终产生了熊耳山、六棱山、蔚县南山等斜掀断块山地和怀来、大同-阳原、蔚县等断陷盆地。

3. 构造速度的加速性

研究表明，华北地壳的抬升和下沉速度持续增加，如中朝准地台的年均抬升速度为 0.03 mm/a，古近纪渤海裂谷系年均沉降速度为 0.1 mm/a，平原区第四纪（按第四系厚度 350～500 m 的最小厚度计算）沉降速度为 0.14 mm/a，如果根据第四系平均厚度计算则是 0.17 mm/a。上述数据均表明从古近纪开始，中朝准地台的地壳活动次数和强度都有相应的增强，在第四纪阶段，增强的效果最为显著。

现今华北地区的新构造运动总体上继续承袭着第四纪以前的构造体系，具体表现为：山地的持续上升和平原的持续下降。对太行山、燕山山地第四纪平均抬升速率进行分析：距今 250 万～80 万 a 的早更新世是 0.15 mm/a，距今 80 万～12 万 a 的中更新世是 0.22 mm/a，距今 12 万～11 000a 的晚更新世是 0.83 mm/a，距今 11 000～3 000a 的早-中全新世是 mm/年（表3-1）。

表 3-1 太行山、燕山第四纪不同时期抬升幅度表

山地名称		太行山			西山		燕山			平均值
河流名称		漳河	滹沱河	唐河	拒马河	永定河	潮河	滦河	青龙河	
依据剖面		清漳1	滹6	唐4	拒3	永2	潮4	滦6	青3	
剖面地点		太仓	峪口	川里	下庄	幽州	棒槌崖	下板城	山拉噶	
早更新世	唐县面海波 /m	700	700	850	950900	950	870	750	550	815
	T_4 海拔 /m	590	550	490	650	800	550	450	300	547
	上升幅度 /m	110	300	410	300	150	320	300	250	267
	上升速度 /(mm/a)	0.061	0.17	0.23	0.17	0.083	0.18	0.17	0.14	0.15
中更新世	T_3 海拔 /m	400	450	430	510	490	500	365	200	418
	上升幅度 /m	190	100	60	140	310	50	85	100	129
	上升速度 /(mm/a)	0.32	0.17	0.10	0.23	0.52	0.083	0.14	0.17	0.22
晚更新世	T_2 海拔 /m	330	415	390	320	420	450	260	160	343
	上升幅度 /m	70	35	40	190	70	50	105	40	75
	上升速度 /(mm/a)	0.78	0.39	0.44	2011	0.78	0.56	1.17	0.44	0.83
早-中全更新世	T_1 海拔 /m	290	400	350	260	410	400	210	120	305
	上升幅度 /m	40	15	40	60	10	50	50	40	38
	上升速度 /(mm/a)	5.7	2.1	5.7	8.4	1.4	7.1	7.1	5.7	5.4

秦皇岛海岸早、中、晚更新世和中全新世以来的地壳上升速率分别是 $0.05\sim0.08$ mm/a、$0.4\sim0.54$ mm/a、$1.8\sim2.3$ mm/a、$1.7\sim2.3$ mm/a。

华北平原的平均下降速率：距今 4 万～7 500a 的晚更新世晚期至早全新世是 0.102 mm/a，距今 7 500～3 000a 的中全新世是 0.225 mm/a，距今 3 000a 以来的晚全新世是 0.229 mm/a（表 3-2）。依此来看，无论是山地的抬升，还是平原的下降，都有越来越加剧的趋势。

表 3-2 华北平原 25 000 年来沉降速率估算表

构造单元	地点	代表孔	2万年来		其中					
					晚更新世末期-早全新世		中全新世		晚全新世	
			沉积厚度/m	沉积速率/(cm/a)	沉积厚度/m	沉积速率/(cm/a)	沉积厚度/m	沉积速率/(cm/a)	沉积厚度/m	沉积速率/(cm/a)
临清—济阳拗陷	莘县	黄1孔	37.0	0.15	21.5	0.15	12.14	0.24	3.36	0.13
	惠民	黄3孔	31.06	0.12	21.9	0.15	7.05	0.10	2.11	0.08
黄骅拗陷	孟村	孟村孔	30.0	0.13	11.4	0.105	12.8	0.25	5.80	0.23
	黄骅	羊二庄孔	30.9	0.13	11.8	0.08	14.4	0.29	4.70	0.19
沧县隆起	南宫	N34孔	29.98	0.12	11.0	0.08	12.0	0.24	6.98	0.28
	青县	青4孔	25.0	0.10	10.0	0.07	10.0	0.20	5.0	0.20
冀中拗陷	肃宁	深4孔	30.0	0.12	10.0	0.07	13.0	0.26	7.0	0.28
	河间	桂4孔	40.0	0.14	19.0	0.13	14.0	0.28	7.0	0.28

第二节 岩性与地质构造

岩性和地质构造是地质基础的主要类型。岩性是指在某一段构造过程中，在一定的构造条件下产生的一套具有相互成因关联的共生岩石组合，包括：沉积建造、岩浆填充（侵入与喷发）建造和变质建造。地质构造是指地壳活动中产生的各种形迹，如褶皱、断裂、地层间的接触关系等。

由于受到古地貌形成环境的物质成分、不同的结构构造特征、岩石风化的性质，包括后期的构造、侵蚀、剥蚀程度的差异性影响，前第四纪的坚硬地层和第四纪的松散地层在其塑造的地貌景观中也各有不同。在自然环境中，各类千奇百怪、形态各异的造景地貌均与不同的地层岩性有着密切联系。

一、地层与岩性

华北区域的主要组成地层包含露出山地的前新生代地层与埋藏于盆地下的新生代地层。华北盆地的新生代地层岩性和地质构造能够为华北山地侵蚀期和华北盆地堆积提供有效数据的对比分析，也是有效验证华北地区地文期的数据依据。

（一）前新生代地层与岩性

所有华北区的前新生代地层中，除了上元古界的震旦系、古生界的奥陶系上统至石炭纪下统存在缺失现象外，其他的各系岩石在华北地区都有分布位置，其中，天津蓟县、河北柳江盆地是上元古界和古生界地层岩性系列中最为典型的代表，目前，两地都已成为国家级的自然保护区。

华北的岩石成分主要分为不同时代的岩浆岩、沉积岩和变质岩，其位置在坝上高原、西部和北部的山地等地。

1. 岩浆岩（火成岩）

华北地区的的岩浆岩，在太古代、元古代、古生代、中生代、新生代时期发育得都比较好。据初步分析统计，河北省、北京市、天津市的岩浆岩总出露面积约 43 000 km^2，达到了三省（直辖市）基岩总面积的 34.04%。其中，从这几个时期来看，中生代发育得最好，其侵入岩和火山岩的出露面积分别占其总面积的 56.07% 和 81.14%。山西省出露面积约 10 000 km^2，占全省面积的 6.4%。其中燕山期火山岩出露面积约 1 000 km^2，占岩浆岩出露面积的10%。河南省出露面积约 18 750 km^2，占全省基岩面积的 26%。根据数据分析，大规模的火山活动主要集中在元古代时期，而大规模的碳酸岩浆则集中在古生代和中生代时期。

（1）中生代岩浆岩

河北、北京两地的中生代火山岩出露面积一共达 2 300 km^2 左右，火山沉积盆地数量达80余个，主要为经常喷发的玄武岩、安山岩、粗安岩、英安岩、流纹岩和石英粗面岩以及相应成分的火山碎屑岩。其中，早侏罗世火山岩的分布面积最小，主要分布于承德、怀来及北京西山和山西的左云地区；其次，中侏罗世火山岩的分布面积较大，主要以平泉、承德、丰宁、张家口、阳原一线以南和青龙、兴隆、北京、蔚县一线以北的地区以及山西灵丘盆地、浑源、左云为分布区域；分布面积最大的是晚侏罗世火山岩，其分布面积向北直至河北省界，向南至遵化、昌平、阜平、灵丘一线；早白垩世火山岩的分布面积往北缩小，主要分布于河北省东北部的兴隆、承德、平泉一线以北和兴隆、丰宁、沽源一线以东地区。

山西省的岩浆岩出露面积大约为 1 000 km^2，主要为经常喷发的玄武岩、粗安岩、英安岩、流纹岩，以及相应成分的火山碎屑岩。其中，左云、浑源一带分布的是中侏罗世火山岩，晚侏罗世火山岩主要分布在浑源、广灵一带，而且浑源一带还分布有早白垩世火山岩。

中生代时期的侵入岩，是河北和北京两地的分布类型较多的花岗岩、花岗闪长岩、石英闪长岩、石英二长岩、二长花岗岩，其次为闪长岩类，最少的是石英正长岩、辉长岩等。

早侏罗世时期的侵入岩，其分布地带位于沿燕山轴部隆起部位的兴隆—青龙一带；张家口、承德、平泉一线以南的赤城、怀柔、青龙一线分布的是中侏罗世侵入岩，少量分布于太行山的易县附近；晚侏罗世是侵入岩发展的最高峰，且分布区域最为广泛，存在于各地质构造的单元中，平泉、兴隆、隆化、围场、丰宁、赤城、昌平、涿鹿、蔚县、涞源等地均有大量分布，还少量分布在南部的涉县和东部的秦皇岛等地。北部崇礼、沽源和东北部的丰宁、承德、平泉、围场普遍分布的是早白垩世侵入岩。

五台山、太行山与恒山交接地带，阳高与广灵间的六棱山、马山一带，以及浑源县、应县等地区是山西省的中生代酸性侵入岩的主要分布地；中 - 中酸 - 酸性侵入岩的主要分布地位于五台山、恒山、神池、浑源、应县、繁峙、代县、恒曲等地；平顺、陵川等地则分布的是偏碱性 - 碱性侵入岩。

河南省的中生代侵入岩面积达到 198 km^2，主要呈南北方向展开，分布于太行山东麓。

（2）晚古生代岩浆岩

晚古生代海西旋回的火山岩类型主要为凝灰质板岩、凝灰质粉砂岩两种类型，出露位于北部的康保、围场一线，并且由东往西延伸发展。其侵入岩的类型包括基性、超基性岩组合——透辉岩、角闪石岩和少量蛇纹岩、蛇纹石化纯橄岩、辉长岩、正长岩等和花岗质岩石组合——闪长岩或石英闪长岩、花岗闪长岩、花岗岩和石英正长岩等，张家口、承德线以北的地方都是它们的集中分布地。

华北地区造景地貌的主要岩体类型为侵入岩中的花岗岩。花岗岩是由地底深处往上侵入，大约达到地壳的 3 km 以下部位时遇冷，凝结成结晶，从而产生了岩体。岩体在冷凝结晶过程中，自身体积会变小，变成三组都趋于垂直方向的裂隙，于是成了三个差不多大小的立方或长方的块体。长时间演变下，岩体逐渐出露地面，同时也受到外界多个风向的风化影响，从而使岩体接近球形，是"球状风化"的具体表现。

岩体中含有岩株构造的花岗岩，地势都比较陡峭，岩石外表裸露，沿节理、断裂的方向都会受到风化的侵蚀和流水切割作用，从而形成形态各异的地貌景观，如奇峰深壑石柱、孤峰、峰林、绝壁、陡崖、一线天等；岩体中含有穹窿构造的花岗岩，风化壳呈现红色，当风化壳剥离后，外形浑圆，通常情况下显示为球状或馒头状岩丘。

玄武岩也是华北地区造景地貌的另一个主要岩体，它是喷发岩的一种。玄武岩的表现特征为：外表成灰黑色，且大多表现为气孔状、杏仁状构造和斑状结构。玄武岩具有很小的黏度且易于流动，当被喷出地表后，很容易产生大规模的熔岩流和熔岩被，最终形成平坦的桌状山和熔岩台地，也有的在喷出地表后快速冷却，形成锥状火山和长条状垅岗；还有的火山口存有水源，喷出地表时形成火口湖。

2. 沉积岩

沉积岩广泛分布在华北地区，主要形成时期是在中元古界以来的各地质时期。沉积岩的类别包含各种未变质的砾岩、砂岩等碎屑岩、黏土岩、灰岩，以及轻微变质的石英砂岩、白云岩、白云质灰岩、泥灰岩、板岩、页岩等。含河流相、湖泊相、沼泽相、海洋相等多种沉积相。

（1）中、上元古界

中、上元古界的长城系、蓟县系、青白口系、震旦系大多都是未变质或轻微变质的滨海－浅海相富镁碳酸盐岩，主要有石英砂岩、白云岩、页岩、泥岩，以及各种碎屑岩、黏土岩，这些岩石是华北地台沉积盖层底部的主要构成要素。

河北与河南的岩石覆盖面积比较广，太行大背斜和燕山大背斜两翼是其主要分布区。大部分的岩石都比较坚固，多形成了太行山、燕山的主脊，如太行山南段林县、卫辉；中段平头、桐峪、松烟、列江、浆水、嶂石岩、苍岩山、鹿泉；北段曲阳、歇马、岭西、狼牙山、易县，直达拒马河两岸；燕山背斜南翼的密云、蓟县、玉田、火石营，向东过滦河后的冷口、三岔口、杨杖子一带：北翼墙子路、兴隆、半壁山，向东北经棒槌崖、宽城至郭杖子。

另外山西省的恒山、五台山的浑源、广灵、灵丘西部，以及太行山的昔阳、和顺、左权、黎城也存在此类岩体的大面积分布。同时壶关、陵川两地发现有零星的岩体出露。

（2）下古生界

下古生界的寒武－奥陶系为海相碳酸盐系沉积，是覆盖在中、上元古界之上的，其主要组成部分包含各种未变质的灰岩和浅变质的白云岩、白云质灰岩、泥灰岩等，大部分分布的位置以北京和阳原一线以南的地区为主。例如，太行山南段的平顺、陵川、林县、卫辉；中段南端的左权、襄桓东部，涉县、武安、峰峰；北段的井陉、阳泉、盂县、系舟山，以及蔚县南部山地都有大面积的岩体出露，六棱山也有小面积的出露，北京西山北东向大向斜的两翼呈条带状分布。

（3）上古生界

上古生界的石炭—二叠系主要是由海陆交互相的碎屑岩、灰岩夹煤层组成，分布位置主要在向斜轴部或拗陷盆地内，主要分布在太行山的临城、武安、峰峰一带的小面积内，山西长治、左权、阳泉等地，河北境内和北京西山向斜两翼和山麓地区有少部分的岩体出露。

（4）中生代三叠系

中生代三叠系主要为河流相的红色砂泥岩，属于一套陆相沉积岩系。大部分的分布区域是在山西屯留、沁县、武乡、榆社等地，其在河北燕山北麓的承德县至平泉县之间呈北东—南西向的条带状呈现，另外，也有少部分分布于峰峰、临城、内丘、下花园等地。

（5）中生代白垩系

中生代白垩系是以巨厚的砂砾岩为主的一套河流相红色岩系，山西省大同、左云西北部和河北省张家口、万全一带都是其主要的分布区域，阳原和蔚县地区也有少部分的分布。

3. 变质岩

变质岩的形成原因是由于地球的温度、压力、应力发生变化，致使原岩发生化学反应，其结构和构造随着发生变化，形成另一种新的岩石。变质岩是地壳的主要部分，变质岩最初形成于地下深处高于150℃的高温环境中，其后来随地壳运动的抬升而露出地面。

原岩的变质程度不同，可以将其分为低级变质、中级变质和高级变质，级别越高，变质程度越深。如沉积岩中的黏土岩，当处于低级变质时，形成板岩；当处于中级变质时，形成云母片岩；当处于高级变质时，形成片麻岩。

（1）浅变质岩

浅变质岩主要包含低绿片岩相的砂砾岩、砂岩、板岩、千枚岩和基性火山岩，其主要分布位置位于舟山北端和五台盆地内，以及太行山中段的鹿泉、苍岩山、嶂石岩一带，除此之外，少数分布于燕山东段的朱杖子和柞栏杖子区域。

（2）深变质岩

深变质岩主要为太古界岩石变质而成，其分布地理位置与太古界出露地点大体一致，主要包含麻粒岩类、斜长角闪岩类、片麻岩类、变粒岩—浅粒岩类、磁铁石英岩类、大理岩类和片岩类。在燕山大背斜的遵化、迁西、青龙、宽城、兴隆区域内和秦皇岛以北的庙沟、龙王庙地区，阜平大背斜的川里、平阳、口头、慈峪、岗南一线以西至晋冀交界的广大地区，赞皇大背斜的许亭、石家栏、浆水、水磨头、张安北、临城、赞皇区间，以及赤城—宣化—阳原—大同一线以北，和承德市北部、平泉县西北部都有此类岩体的大量分布。

一般来说，变质岩中含有大量板岩、片岩、千枚岩等相关软弱岩石，大多数情况下容易形成较平缓、圆滑的丘状地貌。但也有个例，当变质岩中以坚硬或较坚硬的变质岩为主时，也能形成高峰，如有华北地区第一高峰之称的山西省五台山，其主要由变质砾岩组成，北侧的断层陡崖高达1 000多米。

（二）新生代地层与岩性

新生代始于 6500 万 a 前，是对华北地貌进行塑造的时代，也叫喜马拉雅造山运动时代。其原因为华北地区地貌旋回的最老一期夷平面——中生代白垩纪末期夷平面现今仍然完整地保存在山西省五台山的顶部，叫北台期夷平面。可以证明当时的中生代燕山构造运动所形成的地貌——山地和谷地，在经历白垩纪末期全部被夷平形成无侵蚀、无堆积的老年期准平原——华北准平原。因而，整个华北地区缺少古新世堆积，取代它的是在准平原地面上后期发育的厚度达 30～70 m 的古新世红色风化壳——夏家山期风化壳。

喜马拉雅造山运动的第 I 幕开始于 5400 万 a 前，这个时候，由于受到太平洋板块的向西移动，造成华北准平原逐渐消失，以北京、石家庄、新乡和北京、唐山、山海关等地深断裂为界限，西部、北部地壳抬升成为山地——华北山地，变成了山地顶部的夷平面；东部、南部地壳则下降成为盆地——华北盆地，变成了盆地底部的埋藏面——地层不整合面。华北现代地貌的构造就此开始了。

根据现有地貌的保留形式，可以将现代地貌分为两个大的形成阶段，分别为古近纪－新近纪夷平面形成阶段和第四纪阶地面形成阶段。每个地貌面都在其盆地或谷地进行着相关的堆积，从而形成古近纪—新近纪地层和第四纪地层。对华北新生代地层进行详细的研究和分析，有利于获取原华北地貌的不同演化史，为复原华北地貌提供有效的数据基础。

1. 古近纪和新近纪地层与岩性

华北地区古近纪和新近纪地层的主要分布区域为华北盆地、山间盆地中及夷平面上。

（1）古近纪地层

张北、康保一带的地层主要是由黑灰色、灰色砂砾岩和灰黑、灰绿色泥岩组成，其中泥岩中夹杂 1～5 层薄层褐煤，深埋地底，深度达 100 m 左右，其厚度更是达 30～160 m。张北县的两面井和单晶河一线以西的地区，其地层主要为湖相煤系地层，地层上部分与中新统汉诺坝玄武岩保持不完整性接触，下部分覆盖于花岗岩的侵蚀面，其厚度也有 30～348 m。

古近纪和新近纪构造盆地的典型特例当属山西省天镇县的将军庙盆地。该盆地内出现了50 m厚的紫红色黏土夹灰白色泥灰岩湖相层，地层底部由太古代片麻岩以及该岩面上的红色风化壳组成，上面覆盖的是中新世汉诺坝玄武岩，因此可以得出结论，该湖相层的形成时间是古近纪的始新世—渐新世。

北京市大灰厂长辛店砾岩是由于晚始新世山麓洪积扇的堆积造成的，主要包含灰白、紫红色砾岩夹粉砂质泥岩、泥岩及砂岩，其上部分被第四系角度不整合覆盖，下部分则与伏下白垩统呈角度不整合接触，整个厚度达50.5 m。经分析，天津市缺失该古近纪地层。位于河北省涞源县斗军湾盆地的始新统—渐新统，其地层主要分别由上部的棕红、紫红色黏土，砂质黏土夹灰黄、灰色砾岩、砂岩、粉砂岩，中部的灰、深灰色粉砂岩、泥岩、碳质页岩和紫红、灰白色粉砂岩、黏土质页岩，以及下部的灰色砾岩夹紫红色砂质黏土3段岩性组成，整个盆地的中心地带厚度深达30～90 m，其上部分与上更新统黄土呈不整合接触。河北省曲阳县灵山盆地始新统—渐新统厚达1 047 m，由上部的紫红色粉砂质泥岩、灰色灰质砾岩互层，中部的紫红色粉砂岩、灰绿色细砂岩互层，下部的灰绿色页岩、砂质页岩、黄色细砂岩、灰白色灰岩互层，以及底部的灰色灰质砾岩组成。上覆中寒武统灰岩，与其呈断层接触，下与二叠系砂岩和页岩呈角度个整合接触。

最为激烈的是始新世至渐新世的构造活动，在此激烈活动过程中形成了裂谷式的山麓堆积、河湖相碎屑岩、蒸发岩、深湖浊积岩和三角洲相碎屑岩，还有拉斑玄武岩等陆相沉积，整体厚度达数千米。

北京盆地，其始新统长辛店组为暗紫色、猪肝色砂砾岩夹泥岩或砂质泥岩组合而成，表现为半胶结状，厚度120～188 m，与下伏白垩统呈角度不整合接触。下—中始新统孔店组则为一套厚度达400～1 565 m的河湖相泥岩夹砾、砂岩沉积组成，部分地区夹着石膏、油页岩、暗色玄武岩。上始新统—渐新统前门组为灰、灰褐色、灰绿色砂质泥岩、粉砂岩与含角砾凝灰岩夹黑色页岩、绿灰色硬砂岩，该盆地位置分布于城区以及东南方向，厚度300 m，与下伏白垩统呈角度不整合接触。渐新统东营组以棕红色、灰绿色泥岩、砂岩为主，夹碳质与砂质泥岩，厚600～800 m。

天津盆地，始新世孔店组仅分布在北塘凹陷中，以河湖相泥岩为主，夹含砾砂岩，厚135 m，角度不整合于白垩系棕红色泥岩之上。沙四段分布于武清凹陷中，底部为砾岩或含砾砂岩，下部为紫红、灰色泥岩和深灰色、灰黑色泥岩夹灰白色粉砂岩，中部为灰、深灰色泥岩夹灰白色粉砂岩、细砂岩互层，上部为灰色、深灰色泥岩、钙质泥岩夹钙质页岩，厚550～3 500 m，不整合覆于孔店组之上。渐新统沙三段、沙二段、沙一段，分布在大港、塘沽、汉沽一带，分别为砂质砾岩、砂岩与泥岩互层，灰色泥岩与浅灰色砂岩，暗色砂、泥岩互层，厚近3 000 m。渐新统东营组三个岩性段中，下部灰色砂、泥岩互层，中部灰绿、绿灰色泥岩，间夹砂岩，上部灰白色砂岩与灰绿色泥岩，总厚约1 000 m，与下伏沙河街组为连续沉积，与上覆中新统呈角度不整合接触。

河北盆地，始新统分布在冀中、黄骅盆地的中部、南部和邯郸、衡水等地的拗陷中，下部的孔店组为一套河流－湖泊相沉积，总厚409～1 500 m，下与白垩系呈不整合接触。上部的渐新统沙河街组与下伏孔店组呈假整合或不整合接触，局部超覆于更老地层之上，底部以砾岩或含砾砂岩与下伏孔店组分界，其上分别为不等厚的紫红、灰色泥岩与灰、灰白色砂岩互层，不等厚的深灰、黑灰色泥岩夹灰白色粉砂岩，绿灰、青灰、深灰色泥岩与灰白色粉、细砂岩互层，灰、深灰色泥岩，钙质泥岩夹钙质页岩，泥灰岩，泥质白云岩和富含有机质的暗色泥岩夹油页岩、泥灰岩及砂岩段，厚1 138～4 678 m。再上的渐新统东营组为一套呈上下色红、粒粗，中间色暗、粒细的碎屑岩系。在霸州、饶阳凹陷中，一般厚600～800 m，往西至保定、石家庄凹陷变薄至200～300 m，乃至缺失。其上部，即东一段，往东至沧南地区基本被剥蚀殆尽。

豫北盆地，下始新统孔店组缺失。中始新统沙三段—沙四段，东濮盆地为浅湖－深湖相深灰、灰褐色黏土岩夹浅灰、灰白色细砂岩、钙质砂岩，局部夹3～5层玄武岩，厚123～477 m，不整合覆于前新生界之上。上始新统沙一段—沙二段为灰绿、灰黑、暗褐色黏土岩与浅灰色粉细砂岩、钙质砂岩互层，厚328～1 318.5 m。渐新统东营组为棕、褐灰色黏土岩与浅棕、灰白色砂岩互层，夹碳质页岩及薄煤层，厚594～1 318.5 m。

鲁西北盆地，下中始新统孔店组在黄骅拗陷中由下段（孔三段）棕、棕红色泥岩与砂岩（未钻透），中段（孔二段）灰、深灰色泥岩、砂质泥岩为主，次为灰色粉砂岩、灰质砂岩夹灰岩，局部地区中上部夹煤层、碳质页岩和油页岩，上段（孔一段）紫红、棕红色泥岩与砂岩、灰质砂岩、粉砂岩互层组成。总厚 1 500 m 左右。角度不整合于上侏罗统或下白垩统之上。在惠民一带是一套巨厚的灰绿、灰黑色玄武岩、玄武质碎屑岩及薄层泥岩。晚始新统沙四段由下部的褐、灰绿色泥岩及砂砾岩，中部灰色泥岩、软泥岩夹石膏及少量白云质砂岩、粉砂岩，上部灰、灰褐色泥岩及页岩，部分地区夹碳酸盐岩、油页岩或白云岩组成，厚 400 ～ 900 m。与下伏孔店组接触关系不明。其上部灰岩、泥岩中见有孔虫及海相介形虫的海相层。下、中渐新统沙三段由下部的泥岩、油页岩及石英砂岩，中部的深灰色厚层泥岩，夹少量细砂岩、粉砂岩和上部的块状细砂岩、粉砂岩、泥岩及页岩组成，厚 1 000 ～ 1 500 m。与下伏沙四段在东营局部地区有沉积间断。沙二段以下部的灰绿、深灰、紫红色泥岩、砂岩、砾状砂岩的间互层，上部以紫红、灰绿色泥岩为主，夹细砂岩、砂岩、中粗砂岩及含砾砂岩，厚 100 ～ 250 m。与下伏沙三段有沉积间断。中、上渐新统沙一段是一套浅湖相沉积，下部是灰色泥岩夹生物灰岩、白云岩、油页岩及粉砂岩，上部以灰绿色泥岩为主。与下伏沙二段为连续沉积。上渐新统东营组，下段为灰白、灰绿色细砾岩、细砂岩及泥岩，以砂砾岩为主，中段为棕红色泥岩、细砾岩，以泥岩为主，上段为灰绿、灰白色砂岩、细砂岩及泥岩，以砂岩为主，厚一般 300 m。与下伏沙河街组多呈连续沉积，个别地区超覆于前寒武系之上。

（2）新近纪地层

位于坝上高原及西北部山地的崇礼、阳原、蔚县、围场一带地区，中新统"汉诺坝组"主要为汉诺坝玄武岩，总体厚度 56 ～ 508 m，直接覆盖到白垩系、侏罗系之上，与上覆上新统及第四系呈不整合接触。还有零星分布在太行山中段的井陉雪花山、秀林东山、将台垴等地。康保、尚义、大青沟一大苏计一带则为上新统"壶流河组"，上部表现为棕红色黏土夹砂砾石层，下部由砂砾石层、中粒砂层夹黏土组成，整体厚度超过 103 m。

中新统九龙口组主要分布于河北省太行山南段东麓一带，底部主要为黄绿色砾岩，下部为紫色黏土及砂质黏土，中部为灰白色含砾砂岩、粉砂岩及紫色砂质黏土，上部为杂色黏土夹砂岩及粉砂质灰岩。整体厚度为72 m，与上覆上新统呈假整合接触。河北将上新统叫作"壶流河组"，深埋在阳原—蔚县和延庆—怀来盆地的底部，下部分由深红色含角砾和钙质结核黏土夹砂砾石条带和上部红色黏土夹砂砾石透镜体组成，整体厚度20～103 m，底部与中侏罗统呈角度不整合接触，其上部分覆盖于下更新统泥河湾组。

北京市周口店地区，唐县期夷平面上和洞穴内，上新统下部的鱼岭组，为一套灰棕、灰黄色粗砂、细砾层夹棕红色黏土块、灰岩角砾层，厚8.44 m，不整合于中奥陶统之上；上新统上部的东岭子组，为一套红色、红黄色钙质胶结的黏土质粉砂、砂质黏土，厚12.55 m。上、下部之间为一侵蚀面。

山西省大同盆地底部，早上新世保德期红土为灰绿色夹灰、黄、棕色黏土，亚黏土，砂，砂砾石，泥灰岩，厚370 m以上。晚上新世静乐期红土分布在盆地边缘，为深红色黏土，中夹数层铁锰及钙核，厚15～30 m。

山西省榆社盆地上新统榆社群下部的任家垴组，不整合于前新生界之上，由浅紫、灰黄色砂、卵石、砾石层为主，夹亚砂土、紫红色黏土、亚黏土组成，厚60～160 m；上部的张村组，由灰绿、黄绿、紫红色黏土、砂质黏土与黄、棕黄色、灰白、紫红色细砂、粉砂、泥质粉砂互层，夹灰白、灰黄色薄层泥灰岩和灰、灰白色硅藻土，一般厚50～100 m。上与榆社群下更新统更修组不整合接触。

河南省中新统中部彰武组，分布在安阳市以西和安阳河以北地区，主要为灰绿、灰褐、紫红等杂色黏土岩、砂质与灰白、灰黄色砂岩或含砾砂岩互层，底部有砾岩，上部夹泥灰岩，厚30～70 m，属河流-湖泊相沉积。中新统中上部鹤壁组，分布在汤阴盆地西部及太行山东南麓，与下伏彰武组平行不整合接触或超覆于二叠系之上，与上覆上新统大安组为不整合接触，下部为白色砾岩、灰黄色砂岩夹紫红色、杂色黏土岩；中部为灰黄、棕黄色粉砂岩、粉砂质黏土岩、泥灰岩；上部为灰色砾岩、紫红色黏土岩夹灰黄、灰白色砂岩、泥灰岩和灰绿色黏土岩。出露厚度40～220 m，属河流-湖泊相沉积。

河南省下上新统潞王坟组分布在新乡、焦作地区，主要为灰白色泥灰岩与灰色砾岩、砂砾岩、砂岩互层，出露厚度7～70 m，属以湖泊相为主的河流-湖泊相沉积，可与保德组对比。下上新统大安组为汤阴、鹤壁一带的玄武岩夹，厚 1 024 m，不整合于鹤壁组之上。上上新统静乐组，以厚层深红色黏土和钙结石的湖相沉积为主，底部有一层砾岩，平行不整合于潞王坟组或前上新统之上，上与上更新统午城黄土呈平行不整合接触。

从新近纪起，断裂构造差异活动大为减弱，原盆地逐渐连通而趋于统一，形成了广泛的以冲积、洪积为主的披盖式沉积。

北京盆地，中新统—上新统天坛组与下伏前门组呈角度不整合接触。在固安—大厂凹陷内与天坛组相当的中新统为馆陶组，岩性以灰黑、灰绿色泥岩夹劣质煤层，厚 500 m：至霸县一带为浅灰、灰绿色泥岩与灰白、浅灰色砂岩、泥质砂岩不等厚互层，厚 433～956 m。其上的明化镇组，在固安—大厂凹陷内为棕黄、灰绿、棕红色泥岩、粉砂质泥岩及砾岩，厚 400～500 m。上新统天坛组主要为灰色、黑灰色、棕黄色半胶结泥岩、粉砂岩及砾岩，厚度大于 300 m。

天津盆地，中新统馆陶组分布于宝坻断裂以南广大地区，以含砾砂岩为主，夹厚度不等的泥岩、粉砂质泥岩，底部为石英、燧石砂砾岩、砾岩，厚 200～600 m，与下伏东营组不整合接触，与上覆明化镇组为连续沉积，物质来源于北部山区。上新统明化镇组分布同前，由灰、灰绿色砂岩，泥质粉砂岩和灰黄、棕红色泥岩组成，厚 700～1 500 m，与下伏馆陶组为连续沉积，与上覆第四系呈整合或假整合接触。该组物质北粗南细，表明河流来源于武清一带。

河北盆地，中新统馆陶组与下伏古近纪或更老地层呈不整合接触，底部普遍有一层厚 10～30 m 的砾石层，其上为不等厚的棕红、紫红色泥岩、黏土岩，棕黄色、灰白色含砾砂岩、细砂岩、粉砂岩，浅灰、灰绿色砂岩、泥岩互层组成，在邯郸、衡水，冀中拗陷（除徐水凹陷，物质来源于北部山廊固凹陷和牛驼镇凸起之外），天津、沧州隆起，黄骅拗陷，柏各庄隆起、塘沽隆起、岐口隆起、盐山隆起、埕宁隆起等地均有分布，下与渐新统呈不整合接触，上与上新呈统整合接触，厚 78.5～462 m，冀中拗陷达 956 m。上新统明化镇组与下伏馆陶组为整合接触，局部地区为假整合接触或超覆于老地层之上，上与第四纪下更新统呈假整合接触，分布广泛，为一套棕红色河湖相砂岩、泥岩、黏土岩、含砾砂岩、泥质砂岩、粉砂岩的互层沉积，厚

$200 \sim 1\,525$ m。天津杨柳青、宝坻北辛庄一带（孔深 $423 \sim 468$ m）见含有孔虫的海相层。

豫北盆地，中新统馆陶组，下部为杂色厚层砂砾岩夹黏土岩、砂岩，局部地段夹黑色薄层煤，中部和上部为棕红、棕黄、灰绿色黏土岩与棕黄、灰白色砂岩互层，厚 $350 \sim 1\,096$ m，属河流－湖泊相沉积物。上新统明化镇组主要为浅棕红、棕黄、灰白、灰绿色粉砂岩、细砂岩、含砾砂岩或砂砾岩与棕黄等杂色黏土岩互层，厚 $368 \sim 1\,454$ m，属河流－湖泊相沉积。

鲁西北盆地，中新统馆陶组是一套灰白色砾状砂岩细砾岩、灰绿色细砂岩和棕红色泥岩互层，底部为含石英、黑色燧石的砾状砂岩、砂砾岩。岩性稳定，分布普遍，是区域对比的标志层。厚 $150 \sim 1\,100$ m。与下伏东营组呈不整合接触。上新统明化镇组，在东部乐陵、阳信滨海一带，下部为棕红色泥岩夹粉—细砂岩，含灰质结核；上部为土黄、棕黄色泥岩与浅灰黄色粉—细砂岩互层，厚 $600 \sim 800$ m；在西部德州、冠县、聊城一带，下部为棕红色泥岩夹土黄、灰白色细砂岩；上部为浅棕黄色黏土岩与土黄色细砂岩互层，厚 m$1\,000$ m 左右。

2. 第四纪地层与岩性

华北地区的第四纪地层主要分布在华北盆地（平原）、山地构造盆地中及河流阶地面上。其中又分为下更新统、中更新统、上更新统和全新统。

（1）下更新统

下更新统河湖相浅黄－灰绿色黏土、亚黏土、砂夹砂砾石透镜体，主要分布在沽源拗陷及察汗淖拗陷带内，可见厚度为 3.2 m。在沉降盆地及山间盆地见有灰、深灰及灰绿色黏土、亚黏土夹多层砂、砾石层的湖相和冲积－洪积相沉积，埋深在 $10 \sim 20$ m 之下，厚 $10 \sim 50$ m。冲积－洪积棕红、砖红色粉土质黏土及粗砂砾石层分布在康保、张北等地阶地上，厚 $20 \sim 30$ m。

北京西山周口河第四级阶地的基座上堆积着 $4 \sim 7$ m 厚的下更新统红棕色砂质黏土、黏质砂土与砾石层。昌平县南口镇红土台地上，下更新统由下部的棕红色黏土砾石，中部的棕红色黏土含钙、锰核，上部的棕红色黏土砾石组成。上部的棕红色黏土砾石层，砾石成分复杂，砾径大小悬殊，圆度参差不齐，风化程度高，呈紊乱排列的基底式胶结。总厚 10.1 m。与下伏上新统呈平行不整合接触，与上覆中更新统间为一剥蚀面。

北京延庆盆地早更新世厚 3.71 m 地层中发现窄盐性有孔虫化石群，表明大约 226 万年前曾发生过海侵。

河北下更新统泥河湾组由一套河湖相沉积的灰色砂砾层和灰绿色亚黏土组成，地表出露厚度为 90 ～ 110 m，主要分布在桑干河流域的断陷盆地中。怀来—延庆盆地中心为灰色、灰绿色黏土、亚黏土。它们均不整合于前第四系或更老地层之上。太行山南段东麓，以河湖相灰绿色黏土、亚黏土和含砾砂层为主，可见厚度大于 20 m。在系舟山滹沱河第四级阶地上，有灰白、灰黄色钙质胶结极好的砂砾石夹砂层，往下游进入片麻岩山区则为红黏土砾石层代替。燕山南麓秦皇岛地区的沙河第四级阶地的基座上为 3 ～ 5 m 厚的棕红—棕灰色黏土砾石层。

山西省榆社盆地，下更新统下部楼则峪组河湖相细砂夹紫色亚黏土及少量灰绿色黏土，与上新统张村组为连续沉积。中部大墙组不整合于榆社群及前新生界之上，为一套红色黏土及底部的砾石层，厚 25 ～ 50 m；上部小常村组为河湖相的灰绿、棕红、浅紫色黏土，夹砂、砂砾石层，厚10 ～ 30 m，与上覆中更新统离石组呈假整合接触。

下更新统在河南省华北山地不发育。

北京平原，下更新统泥河湾组在京西隆起、北京凹陷、大兴凸起和大厂凹陷均有分布，主要为灰、黄灰色粉砂质黏土与细（粉）砂，或黏性土夹砾石。凸起区小于百米，凹陷区在 200 ～ 300 m，与下覆地层呈不整合接触。顺义、通县、朝阳区埋深 400 ～ 500 m 段有广海窄盐性有孔虫化石的海相层。

天津平原，宝坻断裂以北为山前倾斜平原，下更新统出露厚度为27.16 m，为棕灰色亚砂土、亚黏土互层。宝坻断裂以南，下更新统马棚口组，为灰、褐灰、黄褐色黏土、亚黏土夹褐灰、黄灰色、锈黄色细、粉砂，厚 204 m，下部夹一层亚黏土、黏土海相层（平坦虫海侵）。

河北平原，下更新统固安组，为一套冲洪积砂砾石及冲积、湖积黏土、亚黏土、亚砂土，以棕红色、棕色为主，混锈黄色，底界面深度为300 ～ 400 m，黄骅一带孔深 284.4 m 见有含有孔虫的海相层。

豫北平原，下更新统冲积—湖积层主要为棕红、灰绿色黏土、亚黏土和棕黄、灰黄色亚砂土夹粉、细砂，少量中、细砂，属以湖泊为主的河流—湖泊相地层，厚 139.56 m，与下伏上新统呈平行不整合接触。

鲁西北平原，下更新统主要为冲积，湖积棕黄、褐黄色砂质黏土夹黏土砂、细（粉）砂，普遍含钙核和铁锰核，底部为砂砾石层。还有零星的海相化石的海相层，厚 60～100 m，与下伏上新统呈平行不整合接触。

（2）中更新统

中更新统下部为棕黄色亚黏土、上部为灰白色中粗砂及砂砾石的冲积层，分布在第二级阶地上。红色亚黏土、亚砂土夹砂土的洪积层分布在山麓地带。山间盆地、谷地内有厚约 1 050 m 的洪冲积棕黄、褐黄色亚黏土夹砂砾或碎石层。

北京中更新统周口店组，不仅分布在周口店洞穴内，洞穴外也有同期的下砾石层与离石黄土堆积。下砾石层构成周口河第三级阶地，下段为风化砾石层，中段为黄红色含碎石黄土状土，上段为红土–碎石层，厚 13.4 m；离石黄土分布于山区各河流第三级阶地上，岩性以红色或浅棕黄色黏质砂土或砂质黏土为主，夹数条棕–褐色埋藏土壤或风化层，顶部有一层厚 30 cm 的褐红色古土壤层，质地坚硬，略具层理，垂直节理不发育，下部常有钙核，厚约 10 m。与上覆马兰黄土，间有明显剥蚀面，呈平行不整合接触。

河北中更新统赤城组由冲洪积的棕红色黏土砾石或红色、红黄色含钙核的亚黏土及粉砂质黏土砾石层组成，厚 30～35.5 m，分布在河流第三级阶地上。西辽河上游老哈河在平泉界境内的第三级阶地下部的红色黏土、中部的红色黄土；蓟运河支流洵河、州河在天津市蓟县下营、小岗等地，海拔 320～350 m 的丘陵顶面相当于河流第三级阶地面上的棕红色黏土砾石层；绵河在河北省井陉旧城第三级阶地面上埋深 5～6 m 的红黏土砾石层. 均属此层。

在山西省各盆地的中心地区，中更新统离石组是一套河湖相的灰黑、灰绿、灰蓝、灰褐等色亚黏土、亚砂土、淤泥质黏土与砂、砾石层互层，由周边向中心粒度由粗变细。

中更新统坡积–洪积棕黄、棕红色亚砂土、亚黏土夹砂砾石透镜体，分布在太行山南麓，含 2～4 层红色古土壤和薄层钙核，厚 10～25 m，不整合于前第四纪地层之上，与上覆的上更新统呈平行不整合接触。

北京平原，中更新统周口店组隐伏于平原区东部和北部，凹陷区为河湖相黏性土和砂层，厚 60～200 m；凸起区为山麓相黏性土与砾石层，厚度小于 20 m，与下伏泥河湾层呈平行不整合接触。

天津平原，宝坻断裂以北，中更新统厚 102.48 m，下段为灰棕、棕黄色亚砂土、亚黏土互层夹黑灰色亚黏土、亚砂土互层；中段为黄灰、棕黄、蓝灰色亚砂土、亚黏土互层，底部为黄灰色细、中砂；上段为灰色、深灰色黏土、亚黏土，夹白色、灰白色细、中砂；宝坻断裂以南，中更新统佟楼组，为灰、灰黄色粉砂、细砂与棕褐、褐色黏土互层，下部和上部夹两层亚黏土、亚砂土海相层（分别叫盘旋虫海侵、卷转虫海侵）。河北平原，中更新统杨柳青组，为一套冲积、洪积和冲积、湖积的含砂亚黏土夹砂砾石堆积，顶部以厚度较大的碳酸盐质风化壳与上覆上更新统分界。下段以棕色、浅红色夹锈黄色砂质亚黏土夹砂砾石层为主，山前平原为砾卵石层；上段为棕黄－黄棕色亚黏土夹细砂层。东部沿海平原有两层不太明显的海相层。

豫北平原，中更新统冲积－湖积层主要为棕红、棕黄、灰绿色亚黏土、钙质亚黏土和棕黄、灰黄、灰绿色亚砂土夹灰黄、灰绿色粉细砂、中细砂，局部地区夹薄层砂岩、砂砾岩，属冲积－湖积相，厚度多在 60～100 m，与下伏下更新统呈平行不整合接触。

鲁西北平原，中更新统主要为冲积、湖积、海积相。岩性为灰黄、棕黄色黏土质砂、砂质黏土夹细砂，含钙核和铁锰核，凹陷区边缘有砂砾石层，厚 60～100 m。东部地区见少量海相化石的海相层。

（3）上更新统

上更新统为冲积亚相的黄土状土夹砂层，色浅，质地疏松，垂直节理不太发育。

北京上更新统马兰组主要分布于北京西山斋堂盆地、延庆盆地和河流二级阶地上，以黄灰或棕黄色砂质黏土为主，粒度均匀，多孔隙，垂直节理发育，一般厚数米至十余 m，最厚达 3 040 m，与下伏周口店组呈平行不整合接触。延庆盆地中见披毛犀、大角鹿化石。妫水河沿岸黄土见牛轭湖相黑色淤泥质粉细砂透镜体。

河北上更新统马兰组主要分布在河流第二级阶地上，由下部的中粗砂砾石层、中部的黄土层和上部的次生黄土夹砂砾石层组成。其中，下部的中粗砂砾石层分布在河流第二级阶地及山麓边缘地带，由冲、洪积形成。前者由具大型槽状层理、交错层理的亚砂土、砂砾石及卵石组成，含黏土块、树干和披毛犀－纳玛象等哺乳动物群化石，厚数米至数十米；后者为卵石、砾石并混有砂、泥的杂乱堆积，厚 2～10 m。与上覆黄土和下伏赤城组均呈假整合接触；中部的黄土层分布广泛，呈灰黄或棕黄色，粒度均匀，多孔隙，含钙核，垂直节理发育，在一些地有，其下部夹有 2～3 层埋藏古土壤，直接覆盖于中粗砂砾石层、中更新统或更老地层之上，以及唐县期夷平面及分水岭的垭口上，披覆于山地、丘陵的西坡坡麓上，主要为风积。上部的次生黄土夹砂砾石层，由冲、洪积形成，呈浅灰黄或浅棕黄色，略具水平层理，含较多砂、砾石透镜体，孔隙与垂直节理不如黄土层发育，与黄土紧密伴生，但与下伏黄土层呈平行不整合接触。

大同盆地河流第二级阶地自下而上为灰色、棕褐色砂砾石层、亚砂土夹灰黑色炭质薄层、灰白色砂层夹砾石透镜体、灰黄色亚砂土及次生黄土，厚 30.5 m，含人骨、石器及脊椎动物化石，山西省称作峙峪组。在其他地区的河流第二级阶地上也普遍见到。其顶部往往夹不稳定的牛轭湖相的绿色、黑色黏土及泥炭。

河北省与马兰组对比的迁安组为一套河流－牛轭湖相的灰色细砂层夹灰、灰绿、酱紫色泥质粉砂及黏土层、砂砾石透镜体，富含哺乳类、腹足类、介形类、轮藻、硅藻及孢粉等生物化石，厚 10～30 m，分布在滦河、青龙河及其上游的蚂蚁吐河、伊逊河、小凌河等河流二级阶地上及滦河迁安洪积扇顶部地区。

河南省上更新统冲积－洪积层为具水平层理和交错层理的灰色砂砾石层和砂层和灰黄、褐黄色亚砂土、亚黏土，含纳玛象等哺乳动物群化石，厚 5～10 m，多分布在河流第二级阶地上。上更新统马兰黄土以灰黄色粉砂为主，孔隙度大，垂直节理比较发育，厚 10～40 m，与下伏中更新统离石黄土整合接触。在高出安阳河 60 m 的小南海洞穴中，堆积了厚约 5 m 的灰白、棕黄、黄褐色的亚砂土夹较多灰岩碎块中，含披毛犀、野驴等多种哺乳动物化石制品。

北京平原，上更新统马兰组为冲洪积砂、砂砾（卵）石，或黄土质黏质砂土（砂质黏土），厚 $30 \sim 50\,m$，凹陷中心厚 $60 \sim 70\,m$，与下伏地层呈平行不整合接触。

天津平原，宝坻断裂以北，上更新统厚 $81.10\,m$，底部为中、粗砂，偶见小砾石，其上先后为黄灰、浅灰、灰色黏土、亚砂土，深灰色黏土夹粉、细砂，棕灰色亚黏土夹灰白、浅灰色细砂。宝坻断裂以南，上更新统塘沽组由下部灰色、灰黑色细、粉砂、亚砂土，中部灰色、灰黄色亚黏土、黏土和上部黄灰、灰色、深灰色亚砂土、黏土组成，厚 $51.30\,m$，中部和上部夹两层海相层（分别叫星轮虫海侵、假轮虫海侵）。

河北平原，上更新统欧庄组，为一套以冲积、洪积和冲积、湖积为主的沉积物。主要由黄色、棕黄色具黄土状结构的粉土质亚砂土、亚黏土夹砂砾石组成。下段为不等厚的灰黄、灰褐、黄色亚砂土、亚黏土互层，夹细、中粒砂及灰黑、灰绿色淤泥质亚黏土，含钙核和铁锰核。山麓地带为砂砾石、砾石层夹砂质黏土，与下伏地层呈平行不整合接触；中段由冲洪积、冲积、湖沼积灰黄色粉、细砂夹灰黑、灰绿、深灰色淤泥质细砂、亚砂土、泥炭层及灰黄、棕黄色亚黏土、亚砂土互层组成，顶部为一层厚 $0.5 \sim 2\,m$ 的棕红色黏土层，东部沿海埋深 $50 \sim 80\,m$ 为一套以灰、灰黑色亚黏土为主的海相层；上段为冲积、湖沼积的灰黄、黄灰色细砂、亚砂、亚黏土层，具水平和斜层理，含较多钙核，山前地带为砂层、砾石层，滨海地区的中部（埋深 $30 \sim 50\,m$）见灰黑色亚黏土夹粉、细砂的海相层。其中，顶部的棕红色黏土层具有区域对比意义，河北平原普遍分布，至山前洪积扇前缘尖灭。

豫北平原，上更新统冲积—湖积层主要为灰黄、棕红杂灰绿色亚黏土、黏土，与灰黄、灰绿色亚砂土、灰黄色泥质粉砂或砂砾石呈不等厚互层，厚度多在 $40 \sim 80\,m$，为以冲积为主的冲积—湖积层。

鲁西北平原，上更新统主要为冲积、湖积、海积相。岩性为灰黄、土黄色黏土质砂、砂质黏土及砂层，东部地区有淤泥质黏土砂或淤泥层，含钙核，厚 $15 \sim 20\,m$，与下伏地层呈平行不整合接触。在惠民县以西至高青县，埋深 $23.40 \sim 32.3\,m$ 和 $32.34 \sim 67.22\,m$，有一层距今 $24\,400 \pm 1\,100a$ 的海相层，为第二海相层。

（4）全新统

全新统，主要为湖沼相的黑色、灰色亚黏土、黏土夹泥炭、淤泥及细、粉砂层。坝缘地带的山间洼地及河谷两侧有风成沙丘、沙地。

北京全新统分布在河床、河漫滩、一级阶地和山麓地带，以冲积相为主，厚5～10 m。包括滞留亚相、边滩、心滩和洪泛平原堆积。山麓地带以洪积为主。潮白河河滩地上有风成沙丘和沙垄堆积。

河北全新统，分布在华北山地河流一级阶地、河漫滩、河床中，主要为砂砾石、砂层夹含砾亚砂土、亚黏土及淤泥。盆地边缘地带为以洪积为主的砂、砂砾石、亚砂土为主的山前洪积扇、洪积裙。

北京平原，下全新统肖家河组，为一套冲洪积与湖沼相沉积，岩性一般为黏性土、细砂及砂砾石层，夹沼泽相泥炭层或有机质淤泥层。沉积厚度，在扇间洼地为26 m，在古河道或冲积平原为6～12 m。中全新统尹各庄组，分布在河流一级阶地上、山间盆地、山麓洪积扇间洼地和古河道中，以冲积相为主夹湖沼相沉积。湖沼相沉积以富含有机质的黑色淤泥和泥炭为主。上全新统刘斌屯组分布在河槽中及河漫滩上，为冲积相为主夹湖沼相沉积。下全新统、上全新统底部是明显侵蚀面。

天津平原，宝坻断裂以北，全新统为4.9 m厚的浅黄、棕黄色亚黏土、黏土。宝坻断裂以南，全新统天津组主要为深灰、黄灰色亚黏土夹黑色黏土，厚18.6 m，其中5.3～15.7 m段为含有孔虫、海相介形虫化石的海相层（五块虫海侵）。

河北平原，由下全新统杨家寺组冲洪积、湖沼积的灰褐、灰黄色粉细砂、砂砾石、淤泥质亚砂土，中全新统高湾组湖沼相、海相灰黄色、灰黑色砂质黏土夹黑、黑灰色淤泥黏土、泥炭层和晚全新统歧口组冲洪积灰、灰黄色亚砂、亚黏土夹砂层组成，底部为一侵蚀面。其中，中部的黑灰、灰黑色淤泥黏土、泥炭层具有区域对比意义，已超覆堆积在山麓地区的河流第一级阶地上。

豫北平原，全新统黄泛组主要为灰黄、灰褐色砂层和灰黄、灰黑色亚砂土、亚黏土，属河流相沉积，厚度在15～40 m。

鲁西北平原，全新统以冲积为主，少量湖积、海积、风积层。岩性主要是：下部为土黄色粉细砂，中部为灰黑色淤泥或淤泥质砂质黏土、黏土质砂，上部为灰黄、土黄色黏土质砂、粉砂。乐陵、齐河一带有埋深 $2.77 \sim 8.9$ m 或 $8 \sim 27.73$ m 的为第一海相层。

3. 新生代火山岩

华北地区新生代火山岩也较发育，均属玄武岩类。其中，始新世玄武岩主要分布在山西繁峙、应县-怀仁、左云-右玉、天镇、大同等地。大面积出露的中新世汉诺坝玄武岩，主要分布在张家口、围场一线以北，岩层厚近 400 m，面积达 4 000 km^2，不整合地覆盖在晚白垩世及前白垩纪地层之上，是构成坝上高原的主要岩体。晚更新世早期玄武岩多呈火山锥地貌或沿河流二级阶地分布。

第四纪火山活动具有早更新世、中更新世、晚更新世及全新世多期次喷发的特点，并构成一定的旋回性。其中，早更新世，河北黄骅、衡水、井陉、武安，山西阳高、阳泉、左权等地有玄武岩喷发；中更新世，河北怀安、尚义、围场、黄骅、邯郸，山西阳高，山东无棣等地有玄武岩喷发；晚更新世，山西天镇、大同，河北阳原、沧州、晋州，山东无棣等地有玄武岩喷发；全新世，山西大同，河北海兴，山东无棣仍有小规模火山喷发。

河北第四纪火山喷发可分为早更新世早-中期的第一期、中更新世早-中期的第二期、晚更新世早-中期的第三期及晚更新世末期至全新世初期的第四期。其中，以中更新世早-中期的第二期活动最为强烈，历时较长，规模也较大，主要分布在桑干河断裂带附近。

二、地质构造

地质构造指发生在地层中的各种变形、解体和接触关系，包括褶皱构造、断裂构造和地层不整合面等，对复原古地貌及地貌面的确定和地文期的划分均有重要意义。

（一）褶皱构造

褶皱构造是岩石中的各种面状构造（如层理、劈理或片理等）在构造运动中受水平方向力的挤压而形成的波浪式结构。褶皱中心部位地层较老、两侧地层较新者，称为背斜；褶皱中心部位地层较新，两侧地层较老者，称为向斜。河北省主要褶皱有地台基底褶皱、盖层褶皱，以及同侵入体有关的小型褶皱。它们有的隐藏于地层中，有的暴露出地表。其中，与地貌关系较大的有以下褶皱。

1. 基底褶皱

燕山山地有 3 个基底褶皱。一是迁西期褶皱，以迁安穹窿最为典型，发生在早—中太古代迁西群地层内，大致以迁安县城为中心，包括卵形穹窿和西侧边缘的水厂弧形褶皱束两部分，北、东、南三界分别被断层所截，是一个平面上呈同斜箱状、横剖面上呈"M"型复式背斜与"W"型复式向斜。构造线方向推测为近东西向。二是阜平期褶皱，发生在上太古界单塔子群地层内，为一系列的紧密同斜倒转褶皱，轴向近南北，如司（家庄）—马（城）—长（凝）复向斜，长达 30 km。三是五台—吕梁期褶皱，分别代表晚太古代末和早元古代末的运动，发生在双山子群和朱杖子群地层内，在宏观的褶皱形式及构造线方向上，二者不易区分，故合并为一期褶皱，构造方向北北东向。

太行山地有两个基底褶皱。一是阜平褶皱，发生在阜平群地层内，大致以阜平县城为中心，呈北北东向的矩形，在横剖面上，背斜脊部开阔平缓，向斜紧闭，呈齿状，为一复式大背斜，出露面积近 10 000 km²。二是赞皇褶皱，发生在五台群、甘陶河群地层内，位于赞皇西部和南部，平面呈近南北向的纺锤形，面积约 3 500 km²。

2. 盖层褶皱

盖层褶皱，主要是燕山旋回褶皱，其中，早、中侏罗世之间的第 I 期褶皱，以承德县西尤家沟一带最为明显，下侏罗统上部的下花园组地层褶皱，与中侏罗统下部的九龙沟组不整合接触，轴向北东 70°～80°，两翼倾角 20°～30°，为宽缓波状褶皱。沁水块拗为被断裂围限的四周翘起的次级褶皱发育的巨型拗褶带，东为太行山大断裂，西南为横河断裂，西为霍山断裂，西北为洪山－范村断裂，北为交城大断裂、下口断裂。总体走向北北东向，长 350 km，宽 100～120 km。其东，西两侧边缘均向外侧逆冲，表明该块拗为水平挤压形成。

中、晚侏罗世之间的第 II 期褶皱，北京以东，为一大型箱式复式背斜，核部在马兰峪、金厂峪一线，宽约 20 km，由太古界组成，轴向近东西向，向西倾伏，东端被断裂断掉，长 120 km；北京以西，为连续的中型复式褶皱系列，由太古界至中侏罗统组成，轴向北东 50°～60°，长可达数十千米。向斜翼北槽平，背斜宽缓斜歪，两者的结合部位发育次级褶皱、挠曲或走向断层。该期褶皱被上侏罗统东岭台群不整合覆盖。

侏罗纪、白垩纪之间的第 III 期褶皱，是燕山构造旋回中最激烈的一次地壳变动，褶皱遍及全区，但南北差异明显。南部太行山区，分别以阜平、赞皇基底出露区为核部的两个大型宽缓背斜构造，以及两者之间由古生界组成的向斜等，均属该期产物，轴向北北东向，长可达上百千米。北部尚义—隆化以北的上侏罗统褶皱形态简单，宽展而舒缓，轴向北东 40°～600，两翼倾角 1°～25°，长 10～20 km。山西境内的系舟山斜掀向斜，呈北东向，长 65 km，南段和北段均为老地层向南东方向逆冲，覆于新地层之上。由于后期的侵蚀作用，形成了地貌上的"飞来峰"。

早、中－晚白垩世之间的第 IV 期褶皱，分布于冀北地区，下白垩统滦平群多继承第 1II 期向斜构造堆积发育，属寄生盆地性质。山西境内，有云岗块拗，由平鲁向斜和云岗向斜组成，北北东走向，长约 125 km，宽 15～50 km；宁武—静乐块拗，为北东向、向南西斜掀的复向斜，境内长约 100 km，宽约 30 km。河南境内有太行山拱断束，整体为一宽缓的大型复式背斜，长约 130 km，轴向 10°～15°，微向北倾伏于漳河南岸。

上述基底的迁西期、阜平期和盖层的阜平、赞皇、马兰峪－金厂峪等复式背斜构造在地貌上均构成了倒置地貌。

（二）断裂构造

断裂构造是岩层在构造运动中受垂直方向力的作用发生错断或裂开而形成明显的相对位移。其中，长度在数百千米至数千 km、宽几千米到几十千米，深几十千米到数百千米，已切穿硅铝层、深入到硅镁层或上地幔，地球物理场反应明显，对两侧地质体发展具有控制意义的，叫深断裂；长度在数百千米、宽几千米，深十几千米，未深入硅镁层，地球物理场反应不明显，对两侧地体发展具有一定控制意义的，叫大断裂；以及长度仅在数千米，宽、深仅数百米的，叫一般断裂。

1. 深断裂

华北大地的深断裂自北而南包括如下断裂。

康保－围场深断裂，位于中朝准地台北缘深断裂带的中段，康保附近，宽数百米至数千米，近东西向，挤压破碎带宽150～1 000 m，中心为宽达1 km的长英质糜棱岩带；围场附近为宽达5～10 km的断裂束，槽内有碎裂岩及糜棱岩，走向北东65°～75°，倾向西北，倾角50°～60°。

丰宁－隆化深断裂，为内蒙地轴南缘深断裂带的北支断裂，自中段的赤城向北东方向斜出，于丰宁折向东，经隆化、平泉入辽宁，常由两条相互平行的对冲断层组成，挤压破碎带宽20～30 m，北侧断层面北倾，倾角60°～70°，南侧南倾，倾角70°～80°，属压扭性结构面。

大庙－娘娘庙深断裂，位于丰宁－隆化深断裂南侧，两者平行排列，相距约20 km，全长150 km，近东西走向，地表形迹呈舒缓的波状，断层面北倾，倾角60°～80°，有宽达20～40 m的糜棱岩带。

尚义－平泉深断裂，横亘省区中北部，西起尚义，向东经赤城、承德市，至平泉，长约450 km，总体走向呈向南微凸的东西向。西段挤压破碎带宽百米至数千米，东段宽200 m。

太行山深断裂带，是中国东部一个重要的深层构造带——大兴安岭—太行山—武陵山深断裂带的中段，沿太行山东麓分布，北段由东、西两条深断裂带组成。西带——紫荆关深断裂带，由南、北两支主干断裂组成，北支称上黄旗－乌龙沟深断裂，南支称紫荆关－灵山深断裂。二者在太行山北段首尾并列，平面相距约15 km。东带——太行山前深断裂带，位于紫荆关深断裂带南段东侧的太行山前一线。二者大体平行分布，相距40 km，自北而南包括怀柔－涞水、定兴－石家庄、邢台－安阳三条主干断裂。南段长约140 km，宽40～50 km，由任村－西平罗大断裂、青洋口大断裂、太行山东麓深断裂组成。

上黄旗－乌龙沟深断裂，自涞源乌龙沟向北，经涿鹿大河南、赤城、丰宁上黄旗，再往北入内蒙古，走向北东250 km，境内长约450 km，破碎带宽达百米以上。

紫荆关－灵山深断裂，北起涞水县岭南台，向南经易县紫荆关、曲阳灵山、井陉，往南入山西境娘子关。断裂总体走向北东20°～30°，倾向东南，倾角55°～75°，属正断层，破碎带宽10～20 m，多由碎裂岩组成，可溶岩区宽达上百米，以角砾岩为主，具有糜棱岩带、断层泥带及构造透镜体。断裂的垂直断距约 km，紫荆关以北可达 2 000 m 以上。

怀柔－涞水深断裂，北起怀柔城北，向南经房山至涞水，长约 140 km，总体走向北东35°左右，倾向东南，倾角较陡。断裂对中、新生代的沉积具有明显的控制作用，属正断层。垂直断距可达800～2 000 m，挽近活动仍很强烈。

定兴－石家庄深断裂，北起定兴，南至石家庄，大体沿京广铁路分布，长约 200 km，断裂面向东南陡倾，为中、新生代的继承性正断层，累计垂直断距达 5 000 m 以上。在平面上，断裂两端及中间多处被北西向断层水平错断，水平断距在 20 km 以内，为左行扭动性质。

邢台－安阳深断裂，自栾城向南，经高邑、邢台、邯郸至河南安阳，区内长约 200 km。走向北东10°左右，为一继承性正断层，累计垂直断距在 3 000 m 以上。

沧州－大名深断裂，为平原区的一条重要隐伏断裂带，北起丰润、唐山间，向南经天津、沧州、德州、大名延入河南，区内长约 500 km，总体走向北东30°，沧州以北多处被北西向断层水平错移。断裂两盘的新生界发育程度差异明显，西盘新近系—第四系直接覆盖在古生界或中—上元古界之上，其间缺失中生界和古近系；东侧则隐伏有巨厚的古近系和下伏的侏罗系。断面向东南倾斜，为中、新生代继承性活动的正断层，累计垂直断距近 6 000 m。

大同－山阴深断裂（口泉断裂带），南起山阴上神泉，向东北经怀仁大峪口、大同口泉，至镇川堡，长约 100 km，走向北东 300 km，影响范围23 km，为一多期活动断裂。

商丘－焦作深断裂，展布在太行山南麓济源、焦作、新乡、兰考、商丘一带，河南省内长 400 km，焦作以西裸露于地表，走向北西西，断面南倾，北盘上升，南盘下降，差距达 1 000～2 000 m。

2. 大断裂

河北、山西境内自北而南有长约 180 km、走向北东 40°的沽源－张北大断裂；长约 130 km、走向北西 300 km 的马市口－松枝口大断裂；全长

220 km 以上、近东西向的密云－喜峰口大断裂;长约 180 km、走向北北东的平坊－桑园大断裂;长 150 km 以上、走向北东 250 左右的青龙－滦县大断裂;北西走向、长约 180 km 的交城大断裂;北西走向、长约 200 km 的唐河大断裂。

河南境内有任村－西平罗大断裂,位于太行山深断裂带西侧,呈北北东或近南北向展布在林县任村、焦作市西平罗一带,长 135 km,断面向东陡倾,属正断层,断距达千余 m,构成了山地与平原的分界。青洋口大断裂,呈北北东向分布于鹤壁市东－新乡市太公泉一带,长约 90 km,切割了太古界—新近系,宽 23 km,属于断面倾向东、倾角达 67° 的正断层,断距达 1 000 m以上,构成了山地与平原的分界。

华北平原,有长约 320 km、近东西向的固安－昌黎隐伏大断裂;长200 km、走向北西 50° 的无极－衡水隐伏大断裂;长 90 km、走向北西 70°的临漳－魏县隐伏大断裂和长 80 km 以上、走向北北东向的海兴－宁津隐伏大断裂。

区内长度在 5 km 左右的一般断裂约千条,此处不再一一列举。

（三）地层不整合面

上下两套不同时代地层之间有一个起伏不平的面相隔,叫做地层不整合面。它代表了地壳上升、沉积间断、岩石裸露、地表遭受侵蚀剥蚀,乃至夷平的地貌过程,因而形成了凹凸不平的起伏地面(地貌上叫剥蚀面或准平原)。其中,前一套地层沉积后,有一次大的构造运动倾斜变位和海陆变化,然后地壳再次下沉又沉积了后一套地层,叫角度不整合接触。前一套地层沉积后,未发生构造运动倾斜变位,只发生了地层缺失,以后地壳再次拗陷,沉积了后一套地层,仍保持着原生平行地层接触,叫平行不整合接触。它们代表了古地貌的演变过程。

地史时期中,华北地层中的不整合面有数十个之多,但属于区域性的地层不整合接触大致有 4 个,即晚太古代末期不整合面,河北中、南部和北京缺失燕山期的朱杖子群沉积,形成了太行山地的结晶基底准平原;上元古界青白口纪末期不整合面,河南省跨越了中元古界汝阳群上部和全部上元古界,山西省跨越了全部上元古界,河北省只跨越了上元古界上部的震旦纪,形成了华北山地自南而北发育的准平原;早古生界晚期不整合面,跨越了奥陶纪上部、志留纪、泥盆纪和石炭纪下部，整个华北山地缺失奥陶系上统至石炭系下统，形成了华北山地的又一个准平原；白垩纪晚期的不整合面，缺失古新世沉积，形成整个华北地区的准平原——以北台期夷平面为代表的华北准平原。

在白垩纪末期整个华北准平原的形成过程中，准平原的形成时间早晚也不一致。太行山地区（除去临城—竹壁—魏村一带外）和平原地区（除邱县个别地区外），均缺失下白垩统沉积，当时的下白垩统主要堆积在燕山地区和冀北山地；太行山地、河北平原和燕山山地均缺失上白垩统沉积。当时的上白垩统主要堆积在冀西北间山盆地内；新生代古新世，全区均确实古新统。说明自早白垩世起，华北准平原就开始在太行山地和河北平原的大部分地区形成，到晚白垩世，燕山地区也加入了这一行列。到新生代古新世，华北平原地区均形成了统一的准平原，即华北准平原，说明准平原的形成也有个逐步扩大的过程。

第三节 华北旅游地貌形成的内外动力作用

一、气候变化

气候变化的影响非常大，其能通过风化、风力、降水和生物等多方面的影响去改变地貌的演变，且不同的气候条件，造成的外力条件影响也各有所不同。当气候处于干冷时，物理风化作用比较大，易造成水土的流失，且降水量减少，多以暴雨、洪水的形式呈现，风力和风速加大，地面上的森林植被逐渐减少，而草本植物逐渐增加，使之整体地貌起伏明显，地势也比较复杂。相反，当气候条件暖和潮湿时，化学风化作用比较大，水土流失有所减弱，降水充足且分布均匀，表现为常年、稳定的水流，风力和风速都相对降低，森林植被的覆盖率扩大，草本植被的覆盖面减少，整体的地面起伏较小，比较平缓。

新生代的华北地区属于比较暖湿的亚热带气候。新近纪，西部山地的山西省北部和内蒙古自治区属于干旱—暖温带气候，山西省南部、华北平原与渤海海域趋于亚热带气候，但是存在干、湿交替明显的现象，到后期也转为干旱气候。第四纪主要为寒冷干燥的冰期气候。根据分析表明，整个华北地区新生代气候大体逐渐往冷干的方向发展的，但从整体的发展过程中来看，也经历了很多次的冷干与暖湿的相互交替过程。

（一）古近纪与新近纪气候变化

虽然华北地区普遍缺失古新世沉积物，但从白垩纪末期准平原面上出现的厚层红色黏土风化壳（夏家山期风化壳）可以得出，当时的气候大多以热为主，频繁的干湿交替，到最后以干热收尾。到了始新世，主要为亚热带气候，刚开始气候炎热，到达中期后气候转凉为温湿，后期转为干热。渐新世早期的时候依然处于热带暖湿的气候中，到晚期时转化为干热，在此气候条件下形成了红色风化壳——将军庙期风化壳。中新世，以孢粉种属进行分析，平原表现为温带气候、山区则以温带为主，在其基础上稍显湿冷；从动物种属进行分析，表现为以草原为主的暖温带—森林类型的暖干气候。上新世，早期表现为亚热带—暖温带气候，晚期则表现为森林—草原型的温干气候，末期的时候，干湿气候相互影响，地面形成了红色风化壳——鱼岭期风化壳。

（二）第四纪气候变化

根据现有情况看，对华北山地第四纪气候变化的研究较少，且存在不同看法，以下为大体共识。

（1）第四纪是包含华北山地以内的地球气候演变距今最近一次的寒冷期，通过与对新近纪时期相比，其温度和降水都下降明显，在气候带上，华北山地由新近纪的亚热带转为第四纪的暖温带（南部山地）和凉温带（北部山地）。

（2）在总体背景特征为气候降低与降水下降的情况下，出现数次冷、暖交替与干、湿的交替现象，冷、暖、干、湿变幻莫测，也使得气候类型复杂多变。

（3）从 2500 ka BP 以来看，出现了冷干—暖湿—温干的反复交替现象，在这过程中，早、中、晚更新世的初期主要为冷干气候，中、晚期主要为暖湿气候，末期主要为湿干气候。

（4）晚更新世的初期主要为冷干气候，是历史上倒数的第二个冰期，到了晚更新世的中期又以暖湿气候为主，属于末次间冰期，晚期的时候又转为冷干，属于末次冰期。11 ka BP 的全新世是温暖湿润冰后期的开始。

（5）在末次冰期中，由于其气候影响，华北山地北部海拔 1 500 m 以上的山地顶部出现了冰缘地貌。其中，70～40ka BP 气候表现为寒冷干燥，为末次冰期主冰阶，冰缘气候分期中称晚寒 I 期；40～25ka BP 气候较为温暖湿润，为末次冰期间冰阶，在此气候条件下，华北平原形成了一层棕红色黏土。25～11ka BP 气候是最寒冷干燥的，为末次冰期盛冰阶，冰缘气候分期中称晚寒 II 期。

（6）在距今 11ka 以来的全新世阶段，表现为温暖湿润的冰后期，其中还可以对此阶段划分为温凉偏干的早期阶段，温暖湿润的中期阶段和温凉偏干的晚期阶段三个阶段。

（三）风

风的形成是由于冷热空气的流动产生的。在第四纪晚期后，中国大陆整体的季风型气候明显，华北地区也形成了暖温带大陆季风型气候，其特点明显，主要表现为：在冬季时期，多受到来自北部蒙古方向的风力影响，寒冷干燥，夏季阶段受到印度的热低压影响，多为海洋的偏南风，较为暖湿。

华北北部高原和沿海地区，年平均风速大多在 3.0 m/s 以上，北部高原高达 3.4～4.4 m/s；最大风速为 13.3～29.7 m/s。燕山地区风速较小，中心数值在 1.1 m/s 以下。其中，春季（4月）平均风速在 1.8～5.5 m/s，是一年中风速最大的阶段，其次是冬季，1月平均风速在 1.0～4.2 m/s。

华北地区的风向主要为西北风，约达到 43%，西北偏北风约达 16%，西北偏西风约达 14%。西北风南下均以高原南缘的山口为通道，如左云—右玉山口、丰镇山口、鸳鸯河口、张北山口、独石口、上窝铺—下窝铺山口、御道口等，除此之外，大同云岗，丰宁喇嘛山、平顶山的风蚀穴，洋河、白河等地也为风向提供了通道。

华北地区频繁出现山谷风，如两山之间在白天产生沿谷坡和山坡向上的谷风以及晚上相反方向的山风。

二、水动力变化

水动力也是地貌演化的主要因素，其包含水系结构、流域特征与河流水文变化。以下内容是对华北地区第四纪前后的水系结构与流域特征变化进行的分析，以及第四纪以后的水系改组与平原的河道变迁。

（一）第四纪前后水系结构与流域特征的变化

华北地区在第四纪前后的阶段，水系结构和流域特征出现了很大的变化，包含水系改组和流域面积的变化，这些行为都对地貌的形成有很重要的作用。

1. 第四纪以前的水系结构与今大不相同，海河流域面积与今相当

（1）水系结构

第四纪以前阶段的水系结构与现在差别较大，主要分析如下：浊漳河上游及其支流向南流入丹河；绵河、滹沱河上游及其支流向南流入汾河；桑干河在大同向北流入洋河；康保、张北坝上的内流河是属于海河水系的外流河；闪电河有很大机率属于蓟运河的上游，小滦河是滦河的正源。在第四纪以前的阶段，还没有形成太行山、燕山，实际为五台山—系舟山—太岳山东支和冀北坝缘山地的山麓丘陵。而当时的大河流——清漳河、滹沱河、沙河、唐河、拒马河、永定河、潮白河、蓟运河、滦河、青龙河，都是分别从太岳山东支—系舟山—五台山—小五台山东坡向东流，从康保、太仆寺、正蓝旗至大光顶子山一线的山地南侧向南流。滦河、青龙河也分别向南流。

（2）流域特征

海河流域的西界自南往北分别为太行山南段、太岳山东支、系舟山、五台山、恒山、管涔山、平顶山；北界为康保、太仆寺、正蓝旗至大光顶子山一线的山地。在第四纪以前的阶段，坝缘山地多为低山、丘陵呈现。康保、太仆寺丘陵南麓的河流向南流，并经过坝缘山最终流入洋河、潮白河。现今坝缘山地中的盘状宽谷，如潮白河支流——黑河和白河的源头、洋河支流——清水河源头和东洋河北支流源头的盘状宽谷，全部都曾是经过坝缘山地南流的河谷。当时阶段的海河流域面积在去掉浊漳河、绵河上游、滹沱河与清水河会口以西流域、坝上内流河流域外，其与部分与现今大体一致，其总体面试稍微缩小了1/20。

根据对唐县期高山麓剥蚀面的地貌情况进行数据分析，可以估算出华北山地当时的地势高差值要低于现今，五台山和小五台山最高，其海拔在1 000～1 200 m；冀北坝缘山地海拔在500～800 m，剩下的山地海拔均比较低，如太行山和燕山都低于500 m，其高差约为100～300 m，是典型的低丘—宽谷相间的准平原，多为曲流河。其西部和北部地区与甸子梁面海拔高差在200～300 m，与北台面蚀余山高差在600～800 m。而根据对曲流河的理论纵比降与华北现代曲流河的实际纵比降进行推算，当时的太行山、燕山

海拔应多为 150～350 m，宽谷谷底海拔不超过 100 m。华北山地的高低差值小于 1 000 m，切割深度不超过 500 m。

2. 早、中更新世内流水系形成，海河流域面积缩小

（1）水系结构

2.5Ma BP 属于第四纪初期阶段的新构造运动，在这个阶段，华北地区的坝缘山地以及坝上高原地壳抬升运动强烈，产生了分水岭。闪电河与滦河的合并形成了现在的滦河。滦河、小滦河的流量较大，再加上坝缘山地向下切割的影响，其流向保持不变。其他的小河流，流量小，最终形成了往北的内流河，形成了以坝缘山地为中心，南北方向的盘状宽谷，即现今背风南下的通道口——风口。地壳的运动还形成了断陷盆地——长治盆地、忻州盆地、大同—阳原盆地、蔚县盆地、延庆—怀来盆地，浊漳河上游、滹沱河上游南流的河流和桑干河上游北流的河流，以及洋河下游，都先后受到断陷盆地的影响，转变为内流河。绵河上游部分往南流入汾的支流被其他河流袭夺变成了现在的绵河。

在中更新世阶段，不仅形成了漳河水系结构，长治湖泊也消失了，除此之外，其他断陷盆地中的湖水位都上升到了历史最高值，形成了壮美的"高峡出平湖"地貌。

（2）流域特征

第四纪阶段以后，受到内流水系构造的影响，其海河流域面积也随着大大地缩小，推测应只有现今 1/2 的流域面积。

根据中早、中更新世阶段太行山和燕山地势海拔的上升情况推测，当时华北整个地区的山地地势海拔高差相对值有一定的变大，除五台山和小五台山地势海拔在 1 500～1 800 m，冀北坝缘山地海拔达 800～1 200 m 外，剩余的山地海拔均不超过 800～1 200 m，另外，太行山和燕山的海拔也逐渐崛起，高度达到 600～750 m。从以上数据分析得出，华北地区山地的高差值不超过 1 500 m，其被切割的深度也不超过 1 000 m。

（二）中更新世末期至晚更新世晚期现代水系形成，海河流域面积扩大

由于受到强烈的构造运动影响，在中更新世末期到晚更新世晚期阶段，

长治、忻州、大同—阳原、蔚县、延庆—怀来盆地一带都先后被下游的河流袭夺，致湖水往下倾泻，发展成为现今的海河水系结构，其流域范围也与现今大体相似。同一时间，青龙河道在全新世早期被东迁的滦河袭夺，变为其支流，最终形成了现代滦河水系和流域范围。

到晚更新世晚期阶段，整个华北山地的海拔、地势地貌、切割深度均与现今基本相似。

（三）晚更新世晚期以来华北平原的河道变迁

1. 京津及冀中南平原河道变迁

京津及冀中南平原属于黄河和海河下游河道变迁的范畴。

从研究分析的数据结果来看，黄河最晚应在 25 ka BP 的晚更新世晚期就已经流入了华北平原，其流域方向为：黄河的主流从河南原阳往东北方向走，经过河南新乡、内黄，河北大名、清河、枣强、景县、沧州、青县，在到达天津塘沽时，继而往东流，并留下了深埋地底 15～30 m 深的古河道砂带——黄、清、漳河古河道带，该古河道带一直保留到早全新世。在早全新世时期，卫河（古清河）、漳河、滹沱河、沙河、唐河、永定河、潮白河、渤海盆地、滦河、青龙河等都是该古河道的支流，可见支流体系结构庞大。这也是在华北平原中，黄河统一东流入渤海盆地最早的水系结构。

到中全新世时期，黄河开始南迁，并以冀鲁交界往东北方向流入，经过河北孟村时入海，这样，以孟村为中心顶点的古黄河三角洲便形成了。

到达中全新世晚期至晚全新世初期阶段，大禹对黄河实施洪水分流，禹河沿着太行山山前洪积扇前缘与中部湖泊沼泽地之间的扇缘洼地进行开挖，大体走向为河南滑县、安阳，河北魏县、曲周、巨鹿、新河、辛集。在经过辛集以北，禹河形成两只分流，其中一支从辛集往北方向驶入，经深州、河间、任丘，至文安东流，在天津以北东流入海，称为"山经"河；另一支从辛集方向往东北方向，"分为九河，同为逆河，入于海"，称为"禹贡"河。其中，九河中最北方向的支流是禹河的主流分支，在其经过天津南时往东流入海。漳河、滹沱河、沙河、唐河、永定河也都是黄河的支流，这是华北平原出现的第二次水系结构。

至晚全新世以后，禹河的水系结构一致趋于常年的稳定状态，时间将近千年之久，但在晚全新世时期受到了冲积扇发育的影响，黄河被动南迁，并在南迁过程中经历了 5 次较大的变动，在金朝为南流入海，后到清朝时又往北迁，流经现道，在山东利津入海。在黄河经历南迁活动后，华北平原又变成了各支流分流入海的情况。

到晚全新世晚期阶段，曹操大力实施井凿平虏渠至隋代京杭大运河，冀中南的平原河道被迫向北流，与从北方过来的永定河、潮白河在天津汇合，形成了新的海河水系结构。

2. 冀东平原河道变迁

冀东平原属于滦河、青龙河下游河道变迁的主要范畴。

中更新世阶段，滦河在迁西向南流，流经地点经燕赵州、南观、新庄子、左家坞，在流经丰润时，以丰润为顶点，形成了以南发育的堆积扇。到晚更新世后，滦河从迁西向南流，在迁安时南流，形成了西峡口洪积扇。青龙河在经过滦县山地后向东南方向形成了洪积扇。早全新世阶段，青龙河被滦河袭夺，成为滦河一直分流，在经过滦县后，以滦县为顶点，产生了循滦河与青龙河的洼地，并形成了冲积扇。中全新世阶段，滦河流经溯河河道，产生了曲流—牛轭湖相的沼泽沉积。晚全新世早期阶段，滦河往东发展，形成了以马城为顶点的冲积扇—三角洲；到晚全新世晚期，继续往东发展，形成了以乐亭为顶点的冲积扇—三角洲；到 1915 年再次发生东迁，形成了以莲花池为顶点的现代三角洲。

从上述结构分析，在晚更新世晚期至早全新世阶段，京津平原和华北中南部平原在历史上都属于黄河的流域范围。到中全新世阶段，黄河往南迁，仍然控制着华北中南部平原，此时的京津平原为海河分流入海的范围。晚全新世早期阶段，黄河继续南迁运动，在此过程中，华北南部平原属于黄河统治范围，京津平原和华北中部平原属于海河分流入海的范围。晚全新世晚期，黄河仍然在南迁，远离了华北平原，华北的南部平原属于黄河古河道中季节性河流分流入海的范围，而京津平原和华北北部平原在人为的操作下，属于海河入海的范围。在 1855 年时，黄河开始北迁，又逐渐进入华北平原，由平原的南缘入海。在 1963 年，对海河进行治理，于是，形成了海河统一入海与分流入海的两套并存水系。

在晚更新世晚期阶段，华北东部平原同时存在着滦河与青龙河两大水系结构，并且分别形成了以西峡口、滦县为顶点的洪积扇。到早全新世时，滦河与青龙河发展成为一个沿着青龙河的河道统一南下的水系，到中全新世时期，在滦河与青龙河两个洪积扇之间的洼地中往南流入海。晚全新世时期，又慢慢转变为向东入海，并先后形成了三角洲和现代三角洲的两个冲积扇。

三、海平面变化

海水对海岸地貌的作用范围较广，不仅能改变海岸地貌的形状，其海平面还控制着地貌的形成和演化过程。当海平面发生抬高现象时，相应的侵蚀基准面也随之抬高，海岸地貌出现溯源淤积，导致地貌的起伏范围变小；当海平面下降时，相应的侵蚀基准面也随之下降，海岸地貌出现溯源侵蚀，导致海岸地貌的起伏范围变大。

渤海海平面是控制华北地貌形成和演变的基准面。现今，从中更新世以来对渤海海平面的演变分析数据比较大，其观点大体也较为相似。而对于早更新世时期，以及古近纪与新近纪时期，对海平面的演变分析数据则较少。

（一）中更新世以前的海相层

1. 华北山地海相层

（1）上新世晚期海相层和海蚀地貌

由研究成果发现，华北山地和山地上游的断陷盆地中，都发现了上新世晚期的海相层。比如现今陕西省的渭河盆地、山西省的运城盆地以及北京市的延庆盆地。王乃文称其为"汾渭卷转虫—圆盘虫海侵"，彭世福称其为作"第五海侵期"。

（2）早更新世晚期海相层和海蚀地貌

我国海洋地质学家汪品先等在河北蔚县盆地东窑子头、怀来盆地后郝窑等地发现了有孔虫等海相生物的化石。林景星、王乃文和何希贤、陈茅南将其定位于早更新世晚期阶段，林景星、陈茅南将其阶段命名为"渤海海侵"，王乃文和何希贤称为"第五组合带"。

其中虢顺民、李凤林、高善明等分别在昌黎碣石山南坡海拔 80 m 处、昌黎小东山山顶海拔 90 m 处以及东联峰山南坡海拔 60 ～ 70 m 处发现了海蚀地貌，可与上段的海相层进行对比。

（3）中更新世海相层

在东联峰山南坡海拔大约 50 m 范围处，一片花岗岩的残丘中出现了一座莲花石，其特征具体表现为：外观形似巨石，约高 3 m，其根部受到海浪的淘洗形成莲花瓣状的弧形洼坑，其表面布满了由浪蚀作用的圆形坑穴。巨石的右侧有一块十余米长的花岗岩，其露头上也排列着一群小海蚀穴。

除此之外，西联峰山迎海坡也出现了一个小海蚀柱，高度不超过 3 m，伫立在一片超出海平面 30～40 m 的花岗岩残丘山中，形似蘑菇状，其石柱表面四周也布满了被海浪侵蚀形成的圆孔状，形似莲蓬的孔洞。科研看出，此石柱与东联峰山南坡的"莲花石"是同一类型。

王乃文将山西省运城盆地海相层定位为中更新世，并且命名为"山西外旋九字虫海侵"。

虢顺民在昌黎碣石山南坡也发现了海拔 40 m 的海蚀平台和台面上的海蚀穴，该发现也可以和上文提到的海蚀现象进行对比。

2. 华北平原海相沉积

（1）中、晚古新世海相层

彭世福认为在中、晚古新世的浅海相——第一海侵层对华北平原的孔店组二段也有所涉及和影响。

（2）晚始新世—早渐新世海相层

根据研究成果分析到在华北平原的济阳拗陷、黄骅拗陷和东明拗陷的纯化镇组中，又出现了晚始新世—早渐新世海相层，因此，梁名胜将其称作为"纯化镇期海侵"，王乃文将其称作为"华中圆盘虫海侵"，大体与彭世福的"第二海侵期"极为相近。

（3）晚渐新世海相层

在晚渐新世的"第三海侵期"阶段，华北平原的东营组和沙一段、沙二段出现了以沟鞭藻为主的滨海相沉积，且沟鞭藻极为丰富。

（4）上新世晚期—早更新世早期海相层

后期在山东省惠民和北京市顺义地区，也都发现了位于上新世晚期—早更新世早期的海相层。之后在该地区继续进行研究，如对多个钻孔的同一层进行地质研究，并发现了钙质超微化石，王乃文和何希贤将其称作为"北京透明虫－抱球虫海侵"。经考察发现，除此之外，天津市的宝坻、杨柳青一带，在孔深 423 ~ 468 m 的范围内也都发现了含有孔虫的海相层。

（5）中更新世海相层

王颖认为河北省迁安县"野鸡坨近东西向，由黄棕色粉砂质细砂含有牡蛎碎片与小螺组成的沉积体。其成因可能是残留的海湾沙坝，沉积物经湿热化淋溶，泛红色，且半胶结，估计为中更新世沉积"。

在后续的地质考察过程中，分别在西联峰山海拔 30 ~ 40 m、东联峰山海拔约 50 m、碣石山海拔约 40 m、野鸡坨海拔约 60 m 处都发现了相关遗留的海蚀地貌以及或者海相层，根据对其所处的地貌位置来看，属于中更新世高海平面的遗迹的几率比较大。各学者们也都在其他地区发现类似海蚀地貌或海相层，由于出现的地点较少，导致存在很多不一样的看法，并不能对此进行详细的确认，但此类发现还是为后续持续的研究提供了历史依据。

杨怀仁和陈西庆两位专家认定我国分布范围最广的海侵是渐新世和上新世，其上新世时期的世界海平面比现今的海平面要高出 150 ~ 200 m。

（二）中更新世以后的海平面变化

1. 中更新世中期海平面上升——海兴海侵

海相化石在下辽河、滦河、海河和黄河滨海平原钻孔中存在的比较少，其种属发育也不完全，属于小规模范围的海侵。到更新世晚期，海平面达到最高后，开始逐渐下降。

2. 晚更新世早期末次间冰期海平面上升——沧州海侵

海侵时间开始于 108 ka BP，以渤海湾西岸一带为基础，边界范围自南到北逐渐覆盖到了山东广饶、滨县、无棣，河北盐山、泊头、沧州、献县、青县、安次以及天津静海一线，发展成为 4.4 ~ 29.5 m 的海相层。到 70 ka BP，海侵结束，渤海随之变成渤海湖。

3. 晚更新世晚期末次冰期下亚间冰阶海平面上升——渤海海侵

该海侵属于小规模海侵，产生于 65 ~ 53.5 ka BP，向西方向影响到渤海的中部范围，因此称为渤海海侵。

4. 晚更新世晚期末次冰期上亚间冰阶海平面上升——献县海侵

该海侵起止时间为39ka BP 到 22ka BP，在 25ka BP，发生了渤海最大的一次海侵，海侵向西的最大范围边界涉及到了山东桓台、惠民、乐陵，河北南皮、献县、任丘、安次，其海相层的厚度达到了 2.3～20.7 m，整体的平均厚度超过 15 m。到 22ka BP 是，这个海平面逐渐往下降，到 18ka BP 左右时，下降高度已达 -130 m，至此，渤海消亡。

5. 早、中全新世海平面上升——黄骅海侵

全球气候于 15 ka BP 左右逐渐回暖，于是，冰川融化，整个海平面再次开始上升，到 9 ka BP 左右时到达渤海，8.5 ka BP 到达南排河一带，6～5 ka BP 时海平面处于最高，海侵的范围也随着扩大，覆盖了山东利津、昌邑，河北海兴、黄骅、青县，天津静海，河北玉田、丰南、乐亭一线，因此说这是黄骅海侵名称的由来，也有种叫法为冰后期海侵。其整个渤海湾西海岸的海相层厚度与平均厚度分别为 3.1～13.6 m 和 8.2 m。

第四章 华北旅游地貌环境的形成与演变

第一节 地貌面

一、地貌面是地貌发育阶段终结的面

地貌面在地理学中是代表某地区地貌受外力作用，经过发展和演化后，其最终的形成状态。这一最终状态的形成也代表了地貌发育演化阶段的结束。在地理学中，地貌面又称为地形面或坡面，是一种极为复杂的地形曲面。不同地形就会有不同的地貌面，地形的成因不同，由地形演化而来的地貌面的成因也就不同，由此就产生了各式各样的地貌形态，如地面平坦、轻微起伏等。我们现如今研究的地貌面，都是通过把现实地貌以三维空间形态表示出来的。不同的地形，表达方式也略有差别，像山地，其地质面与构造面呈侵蚀、夷平的状态，而盆地表现为松散物质的堆积面。

地貌演化是一个不断更迭的过程，新的地貌演化的出现就宣告了旧地貌演化的完结。每经历一次地貌演化，都会形成一个新的地貌面，它们以层状的形式分布于海岸至山顶的区域，层状地貌就是由此延伸而来的。

二、地貌发育阶段不同，地貌面的类型也不同

地貌面的形态不是一成不变的，它会随着时间的推移、地貌的不断演化发育而逐渐改变。虽说它是在不断改变的，但其变化也不是无迹可寻，无论怎样改变，都不会违背地貌形成的基本原则。地理学中把地貌演化分为幼、壮、老三个阶段，每一阶段都有其对应的规则，幼年阶段的地貌面表现为：峡谷中的滩地，即阶地面；壮年阶段表现为：宽谷中的滩地，即阶地面和山麓剥蚀面；老年阶段的地貌面表现为：准平原。所有地貌面的演化过程都不是瞬间完成的，就好像我们学习新知识需要有一个新旧结合的过渡一样。新阶段地貌面在形成之前，也会先形成一个过渡面或混合面，由此来确保演化的最终完成。

无论是哪种地貌，从前一个阶段向后一个阶段演化都必须经历过渡。在

过渡时期形成的地貌面，与前后阶段的形态都不相同，但从自身性质来讲还是一样的。比如华北地区山地中包括的唐县面和第三级阶地面，虽然唐县面呈盘型宽谷，而第三级阶地面为U型宽谷，在谷宽和山麓剥蚀面的分布范围上，唐县面的发育也都优于后者，但其本质都是由宽谷—山麓剥蚀面组成的壮年期的地貌面。只不过由于发育程度的不同，唐县面的壮年期地貌面更为标准，而第三级阶地面则处于由青年向壮年发展的阶段。再如河北省蔚县的甸子梁期的地貌面也是由呈盘状的宽谷组成，是山麓剥蚀面发育更宽扩的壮年期地貌面。华北地区的山地，除了五台山、小五台山的区域，其他的山地均已演变为山麓剥蚀面，有的学者也称其为山麓准平原。上述这些地貌面虽然已经趋近发育成熟，但始终还未达到准平原的程度，仍处在老—壮年阶段的演化过程中，所以无法用其来表示华北山地地貌演化的全过程。到目前为止，在学者发现的这些地貌面中，只有山西的北台期夷平面属于完全的老年期地貌面，能够供我们用来深入研究地貌从幼年期到老年期的演化。

三、地貌面是地壳构造运动相对稳定时期形成的面

地壳运动发展到一定时期后，会出现一段相对稳定的时期，地貌面就是在这一时期形成的。不同地貌类型的形成需要的稳定期限不同，在这一稳定时期形成的地貌类型有以下几种：在稳定时期，河流可以通过不断侵蚀作用，逐渐拓宽河谷和河湾，从而形成以细粒物质堆积为主的河流地貌；山麓剥蚀面形成所需的时间要比河流地貌多一些，大概需要两三千万年左右；滩地—阶地面形成所需的时间大概是几万到几十万年，有的也会超过百万年；准平原是演化的最终阶段，需要的时间也最长，基本都是几千万年甚至上亿年左右。

四、地貌面形成时期的气候以热为主

一个完整的地貌面需要同时包括以下个几部分：形成夷平面的基岩、构造的面、风化壳或古土壤。无论是内部构造面还是外部风化壳，其形成都需要较热的气候。湿热的环境更利于对内部基岩的侵蚀和熔化可熔岩，加速夷平面的发育。而外部气候干湿交替的变化，也利于岩石等不同矿物表面的崩碎瓦解，最终达到形成风化壳和土壤的目的。

五、地貌面的形成受控于陆地侵蚀基准面——海平面

我们现存的所有地貌形态，其原始的地貌面都是呈河流方向向海洋方向倾斜的。之所以会产生这种结果，是因为所有陆地的侵蚀基准面都是海平面。这也进一步表明海平面的基本情况会对地貌面的最终形成产生直接影响的作用。以华北的各级地貌为例，保定唐县期的夷平面就是受海平面影响的典型代表。我们称未被影响时的唐县期夷平面为原生层状地貌，这种地貌是研究地壳运动构造期的基础。

在地貌演化中还存在一种情况叫做地貌面的变形，它是因为地壳构造运动而产生的。在华北太行山中段西麓、五台山、北京西山等山地中，夷平面呈向西或向西北的背海方向倾斜，主要就是受地壳构造运动的影响。不断出现的新的地壳构造运动，使内部或地表发生抬升，从而造成了地貌的变形，这时的地貌形态称为次生层状地貌。

六、地貌面的形成以流水的侵蚀营力为主，以谷坡后退的方式进行

流水的侵蚀是地貌面形成的主要推动力，在流水的作用下，谷坡逐渐后退，从而形成宽谷，华北地区的很多山地都是这样形成的。早期存留下来的中心未被破坏的老一期塬状面地貌，在流水的侵蚀下，逐渐向外围的支沟扩展为被当做分水岭的梁状面，最终在新一期地貌上，形成新的峁状面，即蚀余山。

新一期地貌面的演化过程如下：幼年时期形成"V"型峡谷阶地面；随时间的推移，到壮年时就变成了谷宽且山麓面低的"U"型；老—壮年期宽谷变为盘状，山麓面增高；等到壮—老时期，宽谷越来越趋于平坦，形成山地夷平面；老年时期的山地夷平面面积越来越大。所有的山麓剥蚀面最初都是呈喇叭口的形态，并由此逐渐向河流谷方向缩减，同时在缩减的过程中与触碰到的宽谷相连接。

七、不同岩石形成不同的地貌面系列

地貌面的具体形态还受地貌中岩石层的影响，不同的岩石形成的地貌面系列也不同。在华北的地貌面中，有以下几种类型：谷地中的滩地、山麓地区的剥蚀面等准平原系列形成的原因是存在非可溶岩；与之相反可溶岩

则会形成谷地中的水平溶洞、山麓地区的溶蚀洼地等岩溶面系列；由松散物质堆积形成的区域则会形成冲积扇面、泛滥平原面、海三角洲平原面等堆积面系列。

八、地貌面因为后期的地壳运动又将演化成另一种面

地壳的运动也会对地貌面的表现形式产生影响。地壳的运动主要表示为构造抬升或下降两种形式。在地壳运动抬升的位置，地貌面的变化有：滩地面逐渐变为阶地面，山麓剥蚀面变为麓夷平面，准平原变为山地夷平面；在地壳下降的位置，细粒物质会发生堆积，最初位于表层的土壤会被掩埋，从而形成埋藏面。由于大部分的表层土壤会被下一个地文期侵蚀掉，因此也会形成侵蚀面和粗粒滞留堆积的不整合面。

在地壳不断的更迭运动中，前一运动末期的准平原会被新一时期的构造运动所分解，通过抬升的作用，把其推动到山的顶部，这就形成了山顶面。不同的山顶面所处的海拔高度不同，所以对其的命名也就不同，根据其所处的位置，有以下几种山顶面：位于山腰部的被称为山腰面；位于山麓位置的成为山麓面；处于盆地底部凹陷地区的称为埋藏夷平面或化石夷平面。而真正能够被称为山顶面的，在华北地区的山地中，只有高中山顶部的夷平面才可以。

第二节 地文期

在西方的"地文学"与"准平原"理论的基础上，我国地貌学家李吉均于1987年提出了地文期学说。该学说以我国地貌演化为前提，以华北地区地貌演化实践作为实际论证，对地貌形态研究做出了不小的贡献。李吉均的地文学说最突出的论点就是，他认为一个堆积期能够把两个侵蚀期分开或每一期代表一个堆积面，所有的循环运动，都由两个时期组成。

在后期的研究中，以李吉均的地文学说作为研究的基础，李承三等地理学家在此基础上又对地文学说进行了补充完善。他们认为所有的地貌演化中，侵蚀和堆积同时存在，某一地方进行了侵蚀与堆积过后，肯定会在一个地区形成沉积现象。新的地文学说有以下七个观点：

一、地文期是地貌发育演化的周期

地文期是按照时间的先后对地貌发育的演化周期或演化阶段的一种表达方式。我国称之为地文期，而不同的国家对此有不同的称谓，其中美国叫做地理循环，德国称其为侵蚀循环等。地文期不是单一的，如果一个地区存在多个原始地貌面，不同的地貌面在演化过程中就会出现不同的地文期。

二、地文期有方向性特点

地文期在地貌面演化的过程中，会表现出方向性，无论是演化的哪种阶段，都存在幼年到老年的演化。不过，由于地貌存在差异，在演化过程中表现出的地文期总体方向会有所差别，具体从幼年变为老年还是由老及幼，需要视其地貌情况而定。

三、地文期由两个地区来体现

想要深入了解某一地区的地文期，必须同时从两点入手：一是通过侵蚀形成的山地；二是堆积形成的盆地。这两点也是同一个地文期的具体表现形式。一般情况下，凸起的地方由剥蚀—夷平组成，表现为基岩或面；凹陷的位置相关堆积物居多，形成堆积面。所以，同时研究这两者，才能更清楚地对地文期进行深度剖析。

四、地文期由三个阶段组成

每个地文期都是由早、中晚、末期三个阶段构成，其在山区与盆地中的具体表现形式为：在山地的早期阶段，地貌面表现为线状侵蚀面的深向侵蚀，中晚期为面状的准平原侧蚀，末期表现为被风化的准平原面上的风化壳；盆地的早期阶段表现为底部的侵蚀面及面上的粗粒物质堆积，中晚期为细粒物质堆积，末期则变为土壤化的形式。

五、地文期可划分为不同的尺度

自然界与地貌的演化，都不是受我们人为控制的，所以经常会出现我们意想不到的突变现象。受这些突变现象的影响，地貌面也会存在不同的发展程度和形式，而与之相关的地文期也是一样。

（一）地文期的不同尺度

笔者认为，根据现存的地貌面可以将地文期分为四种不同的尺度，分别为：微地文期、小地文期、中地文期和大地文期。其中，所有表现为幼平期"V"形峡谷阶地面的都是微地文期；壮年时期的"U"形宽谷阶地面和山麓剥蚀面被看做是小地文期；凡是到了老—壮阶段的盘状宽谷或壮—老阶段的状宽谷，都是中地文期的表现；大地文期则是指发育到老年阶段的准平原。

（二）几个低尺度的地文期组成一个高尺度的地文期

在地貌面的演化中，高尺度的地文期可以由低尺度的地文期组成，低尺度的地文期会被高尺度的地文期所替代，具体表现为：中地文期可以由好几个小地文期构成；受侵蚀的影响，微地文期的地文会被比它高的地文期的地貌面剥蚀夷平掉。不过，低尺度的地文期也不是不能被保留的，除了侵蚀以外，堆积的作用可以将其地文形迹完全保留下来。所以，重点关注盆地堆积物，可以为研究高尺度地文期中的低尺度地文期提供很大的帮助。

六、侵蚀面与准平原是一个地文期中两个不同时期的面

在地文期的初期与末期所表现出来的地貌面是不同的。侵蚀面是地文初期的表现形式，在凸起的位置受侵蚀，呈线状分布，在凹陷位置是侵蚀面与面上河床的滞留堆积和粗粒物质堆积。准平原是地文末期的表现形式，在凸起的位置呈面状面，在凹陷位置是风化壳或古土壤，表现为由细粒物质堆积形成的堆积面。

地文期在不同阶段形成的地貌面是可以相互转化的。最初侵蚀起主导作用的凸起区，在演化后期，准平原会逐渐替代侵蚀面；而在堆积起主导作用的地区，演化后期侵蚀面会变为其主要形式。这也就导致原本基岩山地其准平面越来越多，而盆地中侵蚀面也逐渐增多。

七、地文期早期与地文期中、晚期地壳的活动有所差异

地壳的活动程度和持续时间在地貌演化过程中是存在差异的，所以就导致地文期在早、中、晚期时的地壳活动也不尽相同。通过分析华北盆地的堆积物，可以很好地印证这一观点。地文期的堆积物通常由上、下半部的二元结构组成，其中，上半部为细粒物质，下半部为粗粒物质。在演化的过程中，

上半部物质的堆积速率要比下半部的小，其细粒物质比粗粒物质厚。因此，这就可以看出，早期地文期的地壳运动更为剧烈，速度也比较快，花费的时间较短；而中期其地壳活动速度较慢，花费时间长，也可以说其运动较稳定。

第三节 山地地貌环境的形成与演变

一、新生代地貌演化的基础

笔者认为，在探索新生代地貌演化的问题时，并不是无规律可寻的。白垩纪时期至古新世的老年期准平原的形成过程，就可作为其研究依据。以下是对该阶段老年期准平原形成过程的介绍。

早在白垩纪初，对中国地貌构造和地貌轮廓产生影响的燕山地壳运动就已经基本完成。尽管如此，华北地区的山地由于山地抬升的影响，还是受到了北台期侵蚀。具体表现有：山西大同、左云等一带的盆地或谷地中，形成了以火山岩夹陆相碎屑岩为主的粗碎屑物质的堆积和在河北张家口、怀安一带的盆地和谷地中的细碎屑物质在湖相中的堆积。

在燕山运动完成后，地壳进入了一段极为稳定的时期，这一时期对地表产生的作用力主要是以侧蚀－夷平为主的外营力。这时在山西省一带的盆地中，细碎屑物质主要以砂质泥岩的形式进行不断的堆积。而张家口一带则经历了两个阶段：一是以砂砾石为主的厚层洪积－冲积的堆积形式；二是以细粒物质为主的河床－河漫滩的堆积。

白垩纪末期，华北地区的山地基本都完成了向北台期准平原也就是老年期准平原的演化。

当然，如果真的要明确燕山运动和白垩纪地貌演化大地文期结束的标志，还要算古新世时，准平原在外力作用下形成的地表厚层风化壳和可溶岩地区的溶蚀平原。

二、新生代地貌演化

华北地区的山地演化运动从始新世开始，就进入了新生代大地文期。这一时期华北地貌演化的主要推动力是喜马拉雅造山运动。现阶段，华北地貌演化已经完成了古近纪和新近纪两个中地文期，迈入了第四纪中地文期。

（一）古近纪演化——壮、老年期准平原化阶段

在古近纪时，地貌的演化过程如下：始新世初，喜马拉雅山发生的一次繁峙县火山喷发，造就了喜马拉雅的第一次造山运动，地貌演化也由此拉开了序幕。受火山喷发的影响，五台山周围的北台期准平原被抬升，位置移动到了高中山的顶部，变成了北台期夷平地；在这之后，该山地夷平地又受到了甸子梁期的侵蚀影响，从而在太行山东麓堆积形成了长辛店砾石扇，将军庙盆地堆积了粗粒物质堆积形成了刘家沟期底部堆积；火山喷发之后，地壳又进入了一段较为稳定的时期。这时的地表受侧蚀和夷平等作用力的影响，造成大部分谷坡后退，将军庙一带的盆地都发生了由粗粒物质堆积向始新世、渐新世上部细粒物质堆积的转变；渐新世晚期的时候，造山运动基本成熟，不少山地夷平地已经演化为老年期的准平原，少部分存留在五台山的山地演化成为了壮年期盘状宽谷；渐新世末期，在地表和可熔岩地区分别形成了将军庙期风化壳和溶蚀盆地后，古近纪地貌演化才算真正的完成。

（二）新近纪演化——老、壮年期盘状宽谷 - 山麓准平原化阶段

新近纪时期地貌的演化也是受到了喜马拉雅造山运动的影响，过程如下：第二次喜马拉雅造山运动是在中新世初开始的，这一次的成因是汉诺坝的火山喷发。火山喷发后，已经抬升过的华北地貌又有了一次新的抬升机会。此次抬升后，原甸子梁期的盘状宽谷，移动到了高中山地的腰部和顶部，形成了子梁期夷平面；在唐县期的侵蚀作用下，太行山东麓的长辛店砾石扇变为了九龙口砾石扇，同时在保德和静乐盆地又形成了保德期堆积；在地壳运动稳定的阶段，地表受侧蚀和夷平等作用力的影响，使谷坡后退，在盆地红土砾石层上面又形成了新的红色黏土的堆积；早上新世晚期，许多山地中都基本形成了壮年期的盘状宽谷，山麓部分被夷平为老年期准平原；早上新世末，鱼岭组风化壳和溶蚀盆地的形成，标志着新近纪地貌演化的完成。

三、第四纪演化

在喜马拉雅第三次造山运动的时候，华北地貌就已经结束了早、中更新世的两个小地文期，开始了第四纪演化，也就是更新世后的小地文期的演化。

（一）早更新世演化——壮年期第四级阶地堆积阶段

喜马拉雅造山运动就是地貌的新构造运动，它的第三次运动始于上新世末到早更新世初。早更新世的地貌演化过程如下：第三次造山运动使华北山地又一次发生了剧烈的抬升，原唐县期盘状宽谷移动到中山的山腰和丘陵顶部的位置，演化成了山麓剥蚀面，在河流切割作用下，峡谷也由此产生了；太行山东麓堆积成了白错砾石扇；受早更新世三门期粗粒物质堆积的影响，三门峡形成了，受泥河湾期底部的粗粒物质的堆积，泥河湾古湖也形成了；早更新世中、晚期时，地壳运动趋于稳定，受侵蚀作用的影响，在三门峡和泥河湾的粗粒物质堆积之上又产生了细粒物质堆积，并由此形成了三门期堆积和泥河湾期堆积；在可溶岩地区的谷地两侧，还形成了第四级水平溶洞。

（二）中更新世演化——壮年期第三级阶地堆积阶段

中更新世的地貌演化如下：在该世纪初的山地运动，主要以抬升作用为主，河流受抬升的影响，下切的程度更为明显，这时的侵蚀作用主要为湟水期侵蚀。河流的侵蚀把早更新世河床的堆积物切断了，从而造就了第四级阶地和太行山东麓灵寿砾石扇堆积的形成。同时，受这一作用的影响，周口店洞穴内和新的河床底部也产生了周口店期的粗碎屑物质堆积；在地壳运动稳定时期，受侧蚀和夷平作用力的影响，第四级阶地被河床侵蚀，形成了"U"形宽谷，在粗碎屑物质之上又覆盖了细碎屑物质，从而形成了周口店期堆积。低山麓面在山麓地区形成；中更新世末，在地表出现了薄层风化壳，可溶岩地区的谷地两岸也形成了第三级水平溶洞，地貌演化基本完成。

四、晚更新世以后演化

在晚更新世的时候，华北地区的晚更新世、早中全新世的两个微地文期基本结束，构造运动步入了晚更新世后的小地文期演化和晚全新世后的微地文期演化。

（一）晚更新世演化——青年期第二级阶地堆积阶段

发生于晚更新世初期的大同火山喷发，造就了喜马拉雅的第四次造山运动。这一时期的地貌演化过程为：世纪初，在山地的不断抬升和河流的下切侵蚀下，原有的"U"型峡谷演化为了"V"型峡谷，太行山东麓和燕山南麓出现了砾石扇的堆积；中更新世时，河床堆积物被不断地切断抬升，第三级阶地由此产生；地壳稳定时期，马兰期砾石和黄土在侵蚀的作用力下，覆盖在河床砂砾石上面，形成了马兰期堆积；溶岩地区谷地的两岸形成了第二级水平溶洞之后，晚更新世地貌演化宣告结束。

（二）早、中全新世演化——幼年期第一阶地堆积阶段

早、中全新世初，影响山地运动的依旧是抬升和河流的下切作用。这时的地貌演化过程为：马兰期河床堆积物在这一时期继续被分割，逐渐形成了第二级阶地；早全新世晚期至中全新世，地壳运动趋于稳定，在侵蚀作用的影响下，亚黏土、亚砂土等细碎屑物质覆盖于砂砾石的上方，形成了皋兰期堆积；可溶岩地区谷地的两岸形成了第一级水平溶洞，标志着早、中全新世地貌演化的完成。

（三）晚全新世演化——幼年期高河漫滩堆积阶段

晚全新世地貌的演化过程为：世纪初，在地面抬升和河流下切的作用下，皋兰期河床堆积物被分割开，形成了第一级阶地；在地壳运动稳定以后，原有的河床堆积上面，又形成了以亚砂土、亚黏土为主的堆积物，它们共同构成了卢龙期堆积。

（四）200a BP 以来的演化——幼年期现代河床形成阶段

在明末清初时，卢龙期堆积受抬升和河流下切的作用力，逐渐演变为高河漫滩地，这是我们现代河道的原型。后期的研究学者通过对河道切割深度的研究，发现了太行山地的抬高幅度要比燕山山地高出许多。

从晚全新世和 200a BP 后，我国的地貌演化就一直处于发展过程中，新的阶地还未真正形成。

第四节 平原地貌环境的形成与演变

一、新生代地貌演化的基础——白垩纪末期老年期准平原

华北地区平原地貌的演变与形成，也是受燕山造山运动的影响。在白垩纪初期，受运动的影响华北平原底部也发生了抬升，并在侵蚀的共同作用下，在基地凹陷处堆积了不少粗碎屑物质，其中包括白垩统火山粗碎屑物和河流

相粗碎屑物等。

在早白垩纪晚期到晚白垩纪这一时间段中，地壳运动趋于稳定。在长时间的侵蚀和夷平下，原有的粗堆积物上又出现了以下白垩系上统和上白垩系湖泊相为主的细粒堆积物质。由此，晚白垩纪文期是北台期侵蚀—卢沟桥、无极期堆积。

到了白垩纪末期，在稳定的环境下，老年期准平原逐渐形成。这一准平原的形成为华北地区新生代平原地貌演化奠定了基础。在之后的古新世中，又形成了地表厚层风化壳，这一演化也标志了白垩纪至古新世地貌发育史的结束。

二、新生代演化

和华北的山地一样，华北平原地貌在始新世初，地貌演化进入了一个新生代的发展时期。这一时期的主要表现就是喜马拉雅造山运动和地貌的新生代演化发展。

（一）古近纪、新近纪演化

1. 古近纪演化

白垩纪末期形成的老年期准平原，受始新世早期第一次喜马拉雅造山运动的影响，其原有的准平原被分割成不同的地貌。其中，北部和西部受抬升作用，形成了如今的华北山地；南部和东部发生了下沉，形成了华北盆地。由于准平原东北部的发育较为缓慢，仍处于幼年期的裂谷阶段，所以还不具备成为盆地的标准。在形成裂谷以后，外界的作用力会不断地侵蚀裂谷的表层岩石，这些被侵蚀的部分会不断落入谷缝内，在底部形成堆积物（河流相的新统孔店组碎屑物、渐新统下半部河湖相夹层的碎屑物）。等到了渐新世初，随着裂谷的扩大和堆积物的增多，逐渐形成了壮年期盆地。在这之后，地表还是要受到外力的作用，盆地上方会继续增添新的细粒堆积物质，到了渐新世末，地表风化壳也就形成了。

2. 新近纪演化

在喜马拉雅第二次造山运动的时候，华北盆地受到外力作用开始出现角度不整合面，这就使后期无论是抬升或下沉运动，盆地都会下降，这也为中新统下段河流相的堆积提供了便利。到了中新世晚期至上新世的时候，所有盆地的堆积物中又增加了明化镇期等的堆积物，从而在上新世末，形成了地面风化壳，这也代表了壮—老年期的华北大平原初步形成。

（二）第四纪演化

1. 早更新世演化

在早更新世初的喜马拉雅第三次造山运动中，华北平原的地貌演化受到了山地演化的影响，不少地区受侵蚀作用的影响非常剧烈，都出现了不整合面和巨大沉积间断。在这一影响下，华北平原不断下降，使上一时期形成的壮—老年期华北平原上部又出现了新的堆积并形成了风化壳。这也为老年期堆积平原的形成奠定了基础。

2. 中更新世演化

在中更新世初，裸露的上层地表被外力侵蚀，出现了平行不整合面。在此之后，平原在下沉的过程中，发生了中更新统河流相和河湖相物质的堆积。中更新世末期，风化壳才最终形成。

3. 晚更新世演化

晚更新世初，华北平原受山地抬升运动的形成，经历了先抬升后下沉的过程。在抬升阶段，形成了侵蚀面或侵蚀谷，实现了晚更新统与其下伏中更新统的平行不整合的连接；在下沉阶段，形成了以河流相和河湖相物为主的欧庄组堆积。在晚更新世末期，地表面形成了碳酸盐型的风化壳。

4. 早、中全新世演化

在这一阶段，华北平原也经历了先抬升后下沉的发展过程。在上升中，侵蚀起主要作用，促使早全新统底部侵蚀面的形成；在下沉时沉积是其主要表现，产生了早、中全新统河流相和湖沼相物质的堆积。

5. 晚全新世演化

在晚全新世初，地表在冲刷作用下，在底部形成了冲刷面，同时也产生了晚全新统河流相堆积。

三、晚更新世末期以来的平原形成过程

在这一阶段，华北地貌的主要组成堆积物有：欧庄组上部的河流相、晚更新世末次冰期、全新世洪、冲积物。这三者分别代表了演化过程的早期（Q_3^{2-1}）、中期（Q_3^{2-2}）、晚期（Q_3^{2-3}），其中早晚期的堆积都以河流相为主，而中期则以湖沼相为主。

到了全新世时期，华北地貌组成的堆积物则变为：以河流相为主的早全新世（Q_4^1）杨家寺组堆积、以湖沼相为主的中全新世（Q_4^2）高湾组堆积以及以河流相为主的晚全新世（Q_4^3）岐口组堆积。

（一）各地层之间的接触关系

1. Q_3^{2-2} 与 Q_3^{2-1} 的接触关系

地理学专家通过不断对钻孔地层编录和探坑进行研究时发现其中存在以河流相为主的华北平原 Q_3^{2-1} 堆积。在早期的河流相当中，构成山前平原的是以砂砾石为主的扇状堆积，而构成中部平原的则主要是沙质的古河道带堆积。而在 Q_3^{2-2} 全平原堆积中，全部都是以湖相为主的堆积。这一堆积的主要特点是湖相层形态和厚度会从平原中心向山麓方向逐渐降低，等到了洪积扇的中腰地区就基本消失了。所以，专家们得出 Q_3^{2-2} 与 Q_3^{2-1} 呈超覆接触的关系，而且 Q_3^{2-2} 的超覆堆积要高于 Q_3^{2-1}。

2. Q_3^{2-3} 与 Q_3^{2-2} 的接触关系

除了上述的超覆关系外，Q_3^{2-3} 与 Q_3^{2-2} 之间又存在这样一种新的关系，即切割关系。主要表现为：由于 Q_3^{2-2} 的地表被侵蚀，从而 Q_3^{2-3} 造成了在主流部位的底部出现了 $5 \sim 15$ m 深的槽状谷，同时，在 Q_3^{2-2} 槽状谷的底部，还形成了大颗粒的河床滞留物的堆积。在其黏土层中，存在着磨圆钙核，由于部分受到外力的贯穿，使 Q_3^{2-2} 与 Q_3^{2-1} 的砂石层产生了连接，从而形成了贯通的砂砾石层，而且在非主流地区还出现了凸凹不平的第四侵蚀面。

3. Q_4^1 与 Q_3^{2-3} 的接触关系

研究表明，Q_4^1 和 Q_3^{2-3} 之间的接触关系表现为两种，一是连续的沉积接触，二是小幅度的侵蚀接触。连续的沉积接触通常发生在泛滥平原地区，这种连续沉积的物质之间不存在明显的界限，有正沉积旋回、中细砂到细粉砂的正沉积旋回、下半部的中细砂到细砂、上半部的粉砂到细砂的反沉积旋回几种形式。侵蚀接触不仅分布在泛滥地区，在洪积扇地区也十分常见。不过，分布在洪积扇地区的切割谷（5～8 m）要比不泛滥地区（3～5 m）的深。

4. Q_4^2 与 Q_4^1 的接触关系

与上面不同的是，Q_4^2 和 Q_4^1 之间也存在一种接触关系，即超覆接触。所谓超覆接触，就是在原有的 Q_4^1 的中细砂和细粉砂的上层，又累积了 Q_4^2 湖沼相的淤泥质粉砂和黏土。之所以会出现超覆现象，是因为 Q_4^2 中期受小幅度的侵蚀的影响，在 Q_4^2 中部粉砂层的底部形成了以微小粒径黏土球为主的河床滞留堆积物。

5. Q_4^3 与 Q_4^2 的接触关系

受河流下切作用的影响，洪积扇切割谷等地区形成了第一级阶地或现代河床。同时，在原地区形成了 Q_4^3 底部的冲刷面，这说明了 Q_4^3 和 Q_4^2 之间存在侵蚀接触关系。

（二）平原形成过程

如果想要研究晚更新世晚期的华北平原，可以从地层的划分和不同时期的接触关系来具体分析。

1. 40ka BP 以前的晚更新世晚期末次冰期早冰阶

这一时期的华北平原在形成上主要依靠的是堆积作用，平原堆积物有以下几种：洪流相的砂砾石、泛滥相的黏土等。在堆积作用下，这时的华北平原主要构成为：山前是冲积扇，在冲积扇前段会形成由砂质古河道带和壤质古河间带构成的泛滥平原。两两相邻的冲积扇之间，还存在少量的湖泊（大陆泽）。上述的泛滥平原面积基本已经到达渤海海岸，这也就代表当时的黄河已经进入了华北平原。

2. 40—25ka BP 的晚更新世晚期末次冰期间冰段

这一时期形成华北平原的主要作用力为沉积作用，湖泊、沼泽相的黏土和河流相的极细砂是这时的主要沉积物。其中，以亚黏土为主的浅海相沉积大多分布在渤海湾的西岸；泛滥平原地区，湖泊通过不断的侵蚀，其面积已经达到了大洪积扇的中腰地区，基本与山麓相连。与此同时，部分湖泊也在加速缩减，这就使华北平原出现了很长一段时间的干、湿交替现象。在风化的作用下，湖相黏土变成了棕红—棕黄色，并在风化层下的 0.5～1.0 m 处，形成了厚为 0.3 m 的钙板，这一钙板的形成，使渤海的海岸线持续上涨。

3. 25—11ka BP 的晚更新世晚期末次冰期最盛期

堆积也是这一时期的主要作用力，堆积物为洪流相的砂砾石、细砂、泛滥相的粉砂、黄土状土等。我们现如今在地面上看到的冲积扇，就是这一时期把末次冰期早冰段洪积扇掩埋后形成的。同样，冲积扇前段还是泛滥平原，不同于上一时期的是，这一时期平原面积延伸更广，基本到了渤海海底。在两个冲积扇中间，同样也有湖泊存在，受湖泊长期侵蚀的作用，底部原有的棕红色黏土面被分割成了切割谷和侵蚀面，部分还被直接切穿。由于 Q_3^{2-2} 黏土被切穿，使 Q_3^{2-3} 形成的砂砾石全部覆在了 Q_3^{2-1} 砂砾石的上部，形成了厚层砂砾石层，这就直接导致位于浅层的淡水底板向下延伸了十多米。

4. 11—7.5ka BP 早全新世

该时期的华北平原仍旧靠堆积作用，堆积物与上一时期相比基本没有变化。在这一时期，形成冲积扇的山前区，是最先受到切割的地方，切割谷形成后，紧接着里面又形成了中细砂夹小砾石的堆积。侵蚀面出现的位置在洪积扇前缘以下的地方，堆积作用在侵蚀面上继续进行，形成了延伸到渤海海岸的泛滥平原。这时相邻的冲积扇中间，不止有湖泊，同时还形成了沼泽，大陆泽也从原来的湖泊变成了沼泽堆积，白洋淀地区开始出现湖泊。不过因为数据不全面，冲积扇前缘的界线具体是怎样，还不能被确定。

5. 7.5—3.0 ka BP 的中全新世

该时期的主要作用力和沉积物和 40—25ka BP 时期基本相似。不同点在于，在这一时期以亚黏土沉积为主的浅海相主要集中在滨海平原，西北海岸线主要是湖沼相的沉积，在距离上也到了晚更新世晚期洪积扇的前缘。所以，也就把原有的早全新世冲积扇—泛滥平原给覆盖了。到了中全新世，地壳运动导致海平面上升，使渤海湾的海岸线发生了变化，其中西海岸线扩展到了孟村县城和青县县城一带；北海岸线扩展到了滦河洪积扇的前缘；西北岸的海岸线到达文安、宝坻、武清一带，并形成了北京湾。这一时期处在泛滥平原的湖泊和洼地，受到了海平面抬升的影响，将这一带的切割谷地又一次堆积到了山麓地区。

6.3ka BP 以来的晚全新世

这一次华北平原的发展是在继承了前两期的基础上，又发生一次堆积作用。在山前洪积扇受到河流切割的同时，不少河流完成了谷内下切和其他路径的切割，从而形成了谷中谷、河谷两侧的阶地和新的切割谷，即皋兰期侵蚀谷。冲刷面在洪积扇前缘以下的地方形成并在此之上又产生了新的堆积，形成了泛滥平原。在这一时期，海平面没有持续上升，而是出现了下降的趋势，这直接导致了渤海岸线的后退，如今的海岸线位置就是在这一时期基本确定的。随着海岸线的后退，泛滥平原也受其影响跟着后退，在后退的过程中覆盖了中全新世的湖沼和潟湖后，形成了冲积—海积平原。不过在相邻的冲积扇之间，仍存在一些未被完全埋没的洼地，只分布在冲积扇前端和古河间地带。在滨海沙丘的后半段，中全新世的潟湖也被保留了下来，从而在渤海海岸形成了三角洲和海积平原，也就是我们如今的华北平原现代地貌。

第五节 海岸地貌环境的形成与演变

海岸地貌是指以海岸线为标准，受海上构造运动、海水、气候等各种因素共同作用下形成的地貌的总称。华北地区的海岸是指包括了河北省、天津市和山东省黄河口以北在内的、第四纪时形成的地貌。该地貌具体包括陆地地貌、潮间带地貌和海底地貌。在华北海岸中，秦皇岛海岸的地貌是同时由多个海岬和海湾构成的。

渤海是西太平洋的一部分，也是我国的内海。目前已经有不少研究学者对其形成和演化的过程进行了研究。这一问题之所以被如此重视，不仅是因为渤海会对海岸带地貌的形成和发展产生影响，更是因为其被看做是大地侵蚀的基准面，对整个华北的地貌也会产生直接影响。所以，要具体研究华北地区的海岸地貌，首先要研究渤海。

渤海的构成需要同时具备两大要素：海盆和海水。其中海盆是华北盆地的一部分，其地貌本质也是中生代末期的华北准平原。

一、渤中大裂谷与渤海盆地

（一）渤中大裂谷

受新生代喜马拉雅第一次造山运动的影响，太行山和燕山出现了大断裂，西部和北部山地被抬高，东南部下沉，这就是后来的渤海盆地。不过在当时，这次断裂还没有使盆地完全形成，只是形成了由郯庐大断裂与沙垒田大断裂构成的渤中大裂谷。到了古近纪，裂谷在外界作用力和海侵的影响下，在谷中堆积了近 2 000 m 厚的河湖相物质、海相和火山堆积物，浅海由此产生。

（二）渤海盆地

华北盆地形成是在喜马拉雅第二次造山运动之后。在造山运动的影响下，上一时期形成的裂谷不断扩张，终于构成了盆地。不过这时盆地的主要堆积物仍为河湖相物质，还未形成海相堆积物。

二、渤海的形成演化

（一）渤海的初步形成

在第四纪初喜马拉雅第三次造山运动的时候，渤海初步形成。这一时期，盆地的面积与深度受外力的影响，持续不断地扩大。西太平洋的海水随着黄海海盆流入盆地中，在中更新世的晚期，海水也曾注入到滦河和海河滨海等地，标志着渤海的初步形成。同时在这一时期还形成了海蚀平台，即山海关、秦皇岛、北戴河一带的海蚀台地。

（二）海平面多次升降

从中更新世晚期开始，随着地壳的运动，海平面曾多次出现升降的变化。受海平面升降的影响，海水也跟着发生流入与退出的改变，从而使渤海在不同时期产生了不同的变化。秦皇岛海滨的又一级海蚀平台是在晚更新世初，海平面抬升后形成的；到了末次冰期早冰期的时候，海平面又出现了下降，使渤海成为陆地，这时的海蚀平台被抬高到了 5 m，形成了海蚀台地；在末次冰期下亚间冰期到末次冰期上亚间冰期期间，海平面经历了抬升、下降又抬升的阶段，抬升到渤海中部后标志着渤海的第三次形成，海蚀平台也在海蚀台地前缘出现了；等到末次冰期盛冰期时，海平面又开始下降，这一次下降使海水完全从渤海和与黄海中流了出来，使其成为了陆地，渤海的海盆也被黄河和辽河所分割，在南部的 -130 m 处统一注入西太平洋。

（三）渤海最后形成

渤海的最终形成时期是距今约 11 000 年的全新世，这一时期的海平面在抬升到高海平面以后，又发生了下降，如今海平面的位置就是当时的下降位置。在此之后，在渤海的西岸就形成了四道贝壳堤。

第六节 华北地貌环境的形成与演变

一、演化前的地貌基础

燕山运动的最后一次造山运动一共经历了四个时期，分别为始动期、发展期、激化期和调整期。在运动初始，周围的山地受侵蚀等作用力的影响仍十分严重，在山地被切断的部分持续出现了以粗碎屑物质为主的堆积物；到了运动中期也就是早白垩纪晚期到晚白垩纪这一阶段，是燕山运动一段相对稳定的调整期，这时的堆积以细碎屑物为主，准平原也随之形成；白垩纪末期的时候，华北地区的地貌基本都完成了向老年期准平原的演化，结束了这一地文期的全部中、小、微地文期的地貌原型；到了古新世的时候，准平原上形成了夏家山期的风化壳，这标志着白垩纪的大地文期结束，地貌演化也基本完成。这一地貌演化的完成也为华北地区新生代地貌演化提供了基础。

二、新生代地貌演化

新生代的地貌演化是指新一阶段的地壳演化运动和地貌的发展周期，其中包括喜马拉雅造山运动与新生代的大地文期。这一时期的地壳运动主要是受西太平洋板块向北西方向俯冲与挤压和印度板块向北俯冲的影响。这一作用让原有的东北向的压性断裂出现了张性扭转，从而使华北地貌产生了不同程度的隆起和拗陷，为新生代的地貌演化提供了发展场地。在这一地区可以发现很多关于华北地貌演化的地层信息和地貌信息。

在结束了古近纪和新近纪两个中地文期的地貌演化后，华北新生代地貌逐渐走入了第四纪的中地文期演化。

（一）古近纪演化

始新世早期喜马拉雅的第一次造山构造运动非常激烈，促使了华北山地的形成。除了少部分下降成为盆地外，所有的老年期准平原都被抬升到了高中山地顶，形成了山地夷平面；在华北的东部，由于抬升和下沉的作用同时存在，形成升降差，使老年期的准平原成为了幼年期的裂谷谷底；这一时期的河流也从老年期转变为青年期，表现更为活跃，在河流的作用下，东西部被抬升的位置不断经受侵蚀，并在裂谷中形成了孔店组底部堆积；地貌的升降差在始新世中期达到最高，这时的河流也开始发展为壮年期，在火山喷发的影响下，以长辛店砾岩和灵山砾岩为主的扇状堆积物在太行山东麓形成。

在始新世晚期与渐新世末期之间，在不同的一级地貌旋回的影响下，产生了许多不同的一级地貌面。在这一时期，也是第一次喜马拉雅造山运动的稳定时期，地貌演化基本趋向了侵蚀和夷平的阶段。受侵蚀和夷平的作用，东西部被抬升部分所产生的河湖相细粒物质的超覆堆积在幼年期裂谷中不断形成、加厚，并由此产生了壮年期的盆地。同时，还形成了与甸子梁期侵蚀相对的由沙河街组和东营组等组成的孔店、沙河街组堆积。

到了渐新世末，古近纪时华北地区所处的小、微地文期的地貌就全都被壮—老年期的地貌面给覆盖了。壮—老年期的盘状宽谷在五台山等山地区形成，东西部被抬升地区也在侵蚀下形成了准平原，同时还伴有将军庙期的风化壳；原有的裂谷和盆地，也在填塞下成为了与准平原持平的堆积面，并在堆积面上形成了风化壳和古土壤。不过，这次的地貌演化并不是使所有的华北地貌都发展到了老年期准平原阶段，所以这一地文期被称作是接近老年期的中地文期。

（二）新近纪演化

新近纪也是喜马拉雅第二次造山运动的发展阶段，受汉诺坝期火山喷发的影响，华北地区的西部的山地被又一次抬升，上一时期形成的盘状宽谷被推移到高中山地腰部，准平原也被推移到中山的顶部成为了山地夷平面；华北东部地区除了渤海盆地中的庙岛群岛外，基本都下陷成为了华北大盆地，准平原位于盆地的最底部；河流在这一时期重新演变为青—壮年期。这时的华北地貌完全被侵蚀作用所控制，所以原有的风化壳和古土壤都被切割重组，在盆地中形成了以粗粒物质为主的馆陶组下部的厚层砾石堆积。后来经过对馆陶组上部和明化镇组沉积物的研究，发现其中存在多个沉积旋回，这也印证了在当时确实形成多个次一级的构造运动。馆陶组上部和明化镇组沉积物的堆积是在中新世晚期喜马拉雅造山运动趋于稳定后形成的。同时在这两者的不断作用下，逐渐形成了与唐县期侵蚀类似的馆陶、明化镇期堆积。

新近纪的地貌旋回完全结束是在早上新世末期，这时的华北西部山地被抬升成为盘状宽谷，如庙岛群岛的山麓地区的准平原和准平原上高弯度曲流河等，在外力的作用下，鱼岭组风化壳也基本形成，小、微地文期的地貌形态全都被老—壮年期地貌面所覆盖。同时，在东部的盆地中，也存在以新近系堆积为主的超覆堆积，由此形成的老年期的堆积平原也成功地覆盖了原有的小地文时期存在的地貌形态。

（三）第四纪演化

不同于前几个时期的地貌演化，在第四纪时，新近纪形成的老—壮年期地貌面，无论在哪一个新阶段，都没有出现被完全覆盖的现象。所以，可以将这一地貌面及其表现出来的各种地貌旋回都看作是第四纪中的小地文期。喜马拉雅的第三次造山运动是这一时期地貌演化的主要推动力。造山运动在这一时期一直处于一个相对活跃的阶段，使东西部的平原和山地被不断地堆积、侵蚀，这也体现出了新构造运动间歇性的特点。

新构造运动在小地文期一共经历了3个堆积与侵蚀的演化阶段，它们分别是早更新世演化——汾河期侵蚀-固安期堆积、中更新世演化——湟水期侵蚀-杨柳青期堆积、晚更新世以后的演化发展。

1. 早更新世演化——汾河期侵蚀-固安期堆积

这一时期在喜马拉雅第三次造山运动的影响下，华北山地在抬升后形成了"U"形的盘状宽谷。在随后到来的新近纪末期，宽谷再次被抬升到中山山地的山腰部，同时位于山麓地区的平原也被抬升到低山-丘陵的顶部，从而形成了高山麓剥蚀面。由于中山地区属于嵌入顺直河谷，所以这一带的低山—丘陵就成为了嵌入曲流河谷。在河流的作用下，产生了第四级阶地上部的松散物质的堆积，从而形成了像榆社-长治盆地、忻州-原平盆地等的断陷盆地和湖泊。湖泊和盆地的形成，使部分位于外流的水系上游被阻断，该部分的内流水系由此形成；坝上高原也受运动的影响出现抬升，导致整体向北倾斜，张北以北的水系也由此形成。

早更新世初，由于华北山地的不断抬升，使平原也跟着不断抬升。平原上原有的风化壳和古土壤受侵蚀的作用被破坏，但并没有像之前一样有新的堆积物的出现，从而出现了地层大间断的现象。伴着这一现象，华北平原又开始重新下降，在下降的过程中形成了早更新世中、晚期的细粒物质堆积，它与原有的下部的粗粒物质相结合，形成了类似于汾河期侵蚀的新的堆积物，即固安期堆积。

在这一时期，位于渤海地区的庙岛群岛和渤海盆地也出现了不同程度的构造变化，如受抬升运动的影响，庙岛群岛上的山麓准平原演化为山麓剥蚀面，剥蚀面上原有的红色风化壳被棕色土堆积的坡积物所替代；渤海盆地和华北盆地同时出现了下沉现象，并受到了早更新统的堆积。

2. 中更新世演化——湟水期侵蚀—杨柳青期堆积

不同于早更新世晚期的稳定，中更新世早期的时候，华北地区的地壳运动又一次发生了剧烈的变动，第四级阶地在外力的侵蚀、剥蚀下逐渐形成，同时在谷底上方又开始了第三级阶地基座的堆积，出山口的山麓地区也发现了准平原的存在。

中更新世初期，华北平原受山地抬升运动的影响，也跟着抬升并受到了侵蚀作用。不过，由于平原的抬升幅度较小，在形成了和下更新统平行不整合的接触关系以后，又发生了幅度较大的下降，所以湖泊中存留的老年期曲流河和牛轭湖的发育并未受到很大影响。

到中更新世末期时，之前形成的河谷又被进一步拓宽成为了"U"型，这也就意味着山麓准平原形成了。同时在平原之上，还发现了以弯曲河床为主的网状水系，如浊漳河。在浊漳河的影响下，榆社古湖和长治古湖先后被其切断，开始出现湖水外泄的现象，从而使湖泊逐渐消失，形成了现代的漳河水系。除此之外，其余的断陷湖盆中的湖泊水位均达到了最高的位置，这时候的华北地区表现出了一种青—壮年期的地貌景观。

渤海地区在这一时期也受到了影响，主要表现在庙岛群岛和渤海平原。因受到外力的切割，庙岛群岛上面开始出现了离石黄土的堆积，而渤海盆地在下降的过程中形成了中更新统堆积。而且，由于海水的作用，在流经盆地的时候形成了渤海湖，紧接着海平面持续上升，使渤海又一次形成。

3. 晚更新世以后的演化

不少学者认为，晚更新世以后的地文期应属于微地文期，并且和在此之后形成许多微地文期一起，构成了晚更新世的小地文期。之所以这样说，是因为这一时期的原有地貌并未像之前一样被新地貌所覆盖，中更新世小地文末期的地貌面被保留下来了一部分，而且青—壮年期的山麓剥蚀面也没有被完全毁坏。这一时期已经完成了两次间歇性活动并且形成了相应的微地貌，其主要作用力为最新的构造运动，即新构造运动第三亚幕。

（1）晚更新世演化——清水期侵蚀-欧庄期堆积

在晚更新世初期，由于华北山地又一次的抬升作用，地貌被侵蚀的范围拓宽到了中更新世谷底，在砂砾石的填充下，形成了第三级"U"形谷阶地面和"V"形峡谷，这也是华北三套谷型重叠地貌的初步形成。在河流的作用下，断陷湖盆的湖水不断减少，最后消失，形成了如今的滹沱河、永定河等水系。这也改变了华北山地内外流水系并存的状态，水系从那之后全部转为外流水系。这时的华北平原也随着山地的抬升而抬升，在侵蚀作用的影响下，清水期侵蚀谷在边缘的山麓地区形成。等到晚更新世中、晚期时，侵蚀谷地中原有的厚层粗砂砾石就被河漫滩相物质和河、湖相的细粒物质等堆积物覆盖，它们连同下层的粗砂砾石组成了欧庄期堆积。

这一时期的渤海，受到了地壳抬升和干冷气候的共同作用，海面极剧缩小，不少地方变为了平地。与此同时，在渤海海域上还有陆相、滨海浅海相物质的堆积，庙岛群岛也出现了砂砾石和在其之上的黄土堆积。

晚更新世末期，在末次盛冰期的作用下，不少海拔达到2 500 m的山顶开始出现了冰缘地貌，其他地区的土层中也出现了冰缘扰动的现象。这时的渤海基本成为了陆地。在华北平原和渤海平原上，也开始出现了古河道砂砾石，山前平原也形成了由砾石构成的洪积扇。在洪积扇的前段，砂质古河道带由此形成，同时在西北风的盛行下成为华北地区第二个扬沙策源地。

晚更新世最末期，冰期气候的作用逐渐消退，华北平原和渤海平原恢复了被黄土覆盖，随着海平面在此上升，形成了现如今的渤海。

（2）早、中全新世演化——板桥期侵蚀-杨家寺、高湾期堆积

全新世早期位于11ka BP左右，这时的最新构造运动相当活跃，华北山地被抬升后形成了河谷内的第二级阶地，同时在谷底堆积了砂砾石。华北平原在这一时期经历了先上升后下降的交替。受抬升作用的影响，华北平原中的洪积扇被切断，形成了板桥期切割谷和第三侵蚀面，冲积扇和泛滥平原也在此时出现。在这之后，平原开始下降，再加上气候回暖和海平面的上升，河谷中逐渐有了细粒物质的堆积，河流也发育成了老年河流。这时堆积物主要以湖泊—沼泽相为主，同时还出现了古土壤，在二者的结合下形成了高湾期堆积。在11ka BC前后，海平面从最高的位置下降到如今已知的海岸线附近，标志着渤海最终形成。

（3）晚全新世演化——段曲期侵蚀-岐口期堆积

在晚全新世初期的时候，在华北地区形成了岐口期堆积。这一堆积是由第一级阶地上的河床相物质（原山前洪积扇形平原）、第一冲刷面上的冲积扇—泛滥平原和河流入海处的三角洲共同构成。到了200a BP前后的明末、清初时期，又形成了现代河床和河漫滩。

第五章 华北旅游地貌环境演变趋势的分析

第一节 主要分析依据

华北地区的地貌演化主要是受该地区海平面不断变化的影响，海平面在地壳运动和气候变化的作用下，不断出现升高或下降，从而产生了影响地貌运动的推动力。主要表现为以下两个方面：第一，在地壳处于强烈运动的时期，这时的海平面是下降的，该地气候也变得寒冷干燥，地貌受到深向切割的作用后形成了粗粒物质堆积；第二，随着时间的推移，地壳运动逐渐趋于稳定，这时的海平面从下降转变为上升，气候也随之变暖变湿润。侧蚀夷平是这时的主要地貌作用力，在该作用力的影响下，地貌堆积主要以细粒物质堆积。这两种地貌演化形态，无论在哪一种地文期中，都基本是这样存在的，唯一区别就是在不同尺度的地文期中具体的形式存在差异。以上这些都是华北地貌在演化过程中遵循的规律。

地壳运动和气候变化作为影响海平面变化的两大主要因素，在研究华北地貌演化趋势这一问题上，也同样需要我们多加重视，在研究过程中，应重点对其进行参考分析。不过，一般情况下，在参考时只需利用像 10^4 年等这种大尺度跨越的数据，如果想要研究在百年内的小尺度的数据，还需要把人类活动对上述因素的影响考虑进去。在工业革命以后，人类活动对自然界的影响就越来越明显，除了不能制约地壳运动以外，对环境、气候等的影响都是巨大的。

一、新构造运动依据

新构造运动是指地壳在第四纪以后进行的构造运动，该运动同时也属于新生代喜马拉雅的第三次构造运动。目前华北地区就处在这一构造运动当中。

（一）新构造运动的表现

1. 地貌面的变形和解体

华北地区在地貌演化中在上新世以前形成的地貌面，如北台期夷平面、甸子梁期夷平面等，在经历了第四纪的地壳运动以后，都出现了变形和解体的现象。

原唐县期盘状宽谷和高山麓准平原是上新世末期形成的地貌面，地貌面走向为山地向渤海倾斜，海拔只有 0～500 m。在后期新构造运动的影响下，这附近山地持续抬升使该地海拔直达 400～1 400 m，从而形成了盘状宽谷—高山麓剥蚀面；明化镇组堆积面也是在上新世末期被掩埋于平原地下，在新构造运动的影响下，海拔降到了 350～500 m，从而演变为了埋藏面。同时在第四纪时期内，受山地间断抬升作用的影响，4 级河流阶地在河流谷地中形成，水平溶洞也在可溶岩地区形成。

2. 水系改组与河道变迁

华北地区在第四纪时期发生的两次水系大改组和晚更新世末期华北平原的河流发生的河道变迁，都与新构造运动对地貌的影响有关。

3. 新裂陷与新隆起

在华北地区的山地中，存在着不少由中生代时期产生的断裂现象，这一现象在后期的构造运动中一直表现出继承性，所以到了在第四纪时期，就形成了许多新的大型新裂陷和新隆起。

4. 火山活动

到目前为止，研究学者在华北地区发现了很多个地表火山，包括已经喷发和未喷发两种类型。已经喷发过的火山大多集中在第四纪时期的大同一带，也有少部分在围场、蓬莱、兴城等地。未喷发的火山大多分布于平原堆积物之下，以汤阴、黄骅、北京、天津等地和辽河平原为主。

5. 地震活动

华北地区曾发生过不下百次的地震，其中震级超过 $M_s>5$ 级的有 90 多次，震级 $M_s>6$ 级的有 12 次。在近 30 年来，华北地区又频繁地发生了多达 9 次 6 级以上的地震，都从侧面反映了华北地区地壳现代构造运动越来越活跃，较之前相比，有增长的趋势。

6. 高位海蚀地貌

受地壳运动的影响，华北地区的陆地被抬升，导致海盆持续下降，从而形成了许多海蚀地貌和陆地古河道。这些海蚀地貌大多位于海平面以下，不过也有个别存在于海平面以上。比如辽东湾上有一个高出海平面100～200 m的海蚀地貌；蓬莱阁周围也有比海平面高30多m的海誓崖和高20 m的黄土海蚀崖；北戴河联峰山一带有高出海平面60多m的海蚀穴、海蚀壁龛和海蚀槽；在昌黎还有两个高出海平面的海蚀平台。

7. 地面形变

地壳运动产生的最直观的影响就是地面结构发现变化，即地面形变。通过对1951—1990年一、二等水准测量的地震测量结果的分析可以看出，华北地区的地壳垂直形变速率基本继承了第四纪以来的构造活动。具体表现有：太行山、燕山在运动中不断抬升，从而导致辽东半岛被整体抬高，胶东半岛也发生了由东南向西北的倾斜，辽西、秦皇岛一带和辽河平原也都相继出现了上升的现象。除了上升活动，1953—1971年的测量发现，部分地区也出现了沉降的现象，如胶东半岛北西岸的龙口一带，沉降了将近70 mm，直接导致了内侧的山比沿海地区还要低。

除了地壳运动外，地下水位的改变也会导致地面的下沉。受华北拗陷的次一级构造运动的影响，华北地区地表的外在表现主要为隆起地区的上升或拗陷地区的下降，不过由于地下水的影响，上升和下降都不易被察觉。但是在地下水不断减少的情况下，下降的程度要远高于上升的程度。

（二）新构造运动速率

不少学者通过研究华北地区不同阶段地貌运动的抬升、下降幅度和速率，从而基本推断出，华北地区新构造运动的速率存在明显的逐年增长现象。

（三）对新构造运动趋势的预测

无论是以前还是现在，地壳运动就从未停止过。在地壳运动的影响下，华北地区的山地抬升速率和平原下沉速率都在明显增长。如果以不同的计时方法推算，会存在以下几种情况：第一种是将持续时间定位0.06Ma，那么晚全新世的微地文期仅仅持续了0.003Ma；第二种是将持续时间设定为1.2Ma，那么晚更新世之后的小地文期只有0.1Ma；第三种是将持续时间定位22Ma，那么第四纪中的地文期有2.5Ma。

从上述论述可以看出，初期的地文期，对外力的影响表现更为明显，地壳运动也更为剧烈。到地文期中段时，外在的作用力对其的影响相对减弱，地壳运动也逐渐趋于平缓。地文期晚期，地壳运动基本达到了稳定的状态。其实，如果把地文期的早、中、晚期以时间的形式分为 3 个阶段，每个阶段均占三分之一的话，那其中的微、小、中地文期，都不能占满所有的时间。严格来说，微地文期只有二十分之一，小地文期有十二分之一，而中地文期有十分之一。所以，这也代表了新构造运动所处的时期是非常激烈的，同时这种状态会存在至少万年以上。

二、气候变化依据

（一）史前时期的气候变化

华北地区在第四纪时期，当地的温度和湿度有以下两种对应关系，一种是寒冷—干燥，另一种是温暖—湿润。它们之间存在的最小尺度为 10^5a，年均温差的幅度大致在 10 ～ 15 ℃之间。

从现在往前推 7 万年，华北地区的气候大致就是上述的变化形式，其中主要有两个冷干期和两个暖湿期，冷干期存在时间约为 0.014 ～ 0.03 Ma，暖湿期为 0.011 ～ 0.015 Ma。0.07 ～ 0.04 Ma BP 的末次期早冰阶、0.025 ～ 0.011 Ma BP 的末次盛冰期是冷干期，0.04 ～ 0.25 Ma BP 的末次冰期间冰段、0.011 Ma BP 以后的冰后期是暖湿期。

上文提到的两大暖湿期，因所处阶段不同，所以导致其形成了两种差异特别明显的气候类型。若以目前的气候作对比，末次盛冰期的年均温比现在要低 5 ～ 8 ℃，降水量也比现在少 30% ～ 40% 左右。这一气候直接导致华北地区海平面下降，从而出现植被减少、洪流增多、水土流失等现象，气温低也使华北地区的冰缘面积增大，这时的动物种类也是耐寒的食草动物居多。不过到了冰后期时，该地的气温与现在相比高了 2 ～ 4 ℃，降水也增加到700 ～ 1 000 mm。气温和降水都满足了针叶林、阔叶林的生存条件，有了植被的覆盖，华北地区的水土流失现象有了明显的好转，土地的沉积物也从粗质物向细碎屑物转化，冰缘冻土也随之减少。在河流的不断侧蚀下，这时的华北平原主要以湖泊和沼泽为主，主要生物为亚热带动物，而人类活动大多集中在末次盛冰期在太行山东麓和燕山南麓形成的洪积扇面上。

除上述气候的两个表现形式外，华北地区还存在温和稍湿期、温暖湿润期和温凉偏干等非主要的气候时期。仍以目前气温作参考，其中，历时 0.0 025 Ma 的早全新世温和稍湿期，年均温比现在低 2～3℃；历时 0.0 055 Ma 的中全新世温暖湿润期，年均温高于现在 2～4℃；历时 0.003 Ma 的晚全新世温凉偏干期，气温的变幅大致为 5℃。

（二）历史时期的气候变化

现在所说的华北地区的历史时期，大致为 3ka BP 的晚全新世，这时正处于全新世暖期之后的降温期。在全国的气候中，以赤道为界分成了南、北两半部，并都有其特定的气候特征。其中，北部的气候类型属于温带干旱气候，年降水量只有 400 mm，年均温约 0℃；而南部则属于暖温带湿润气候，年降水量多达 800 mm，气温为 14℃。这一历史时期人类的各种活动虽然已经参与到了其中，但并未对自然气候产生太大的影响。通过结合 1999 年张春山等人的研究数据分析，可以得出以下几个特点。

1. 温度变化周期

通过数据分析可以看出，华北地区的温度变化周期一共有七个，它们依次为：周朝的初冷时期，时间为公元前 1000 年—前 850 年；周、秦、西汉暖期，时间为公元前 850 年～公元 1 年；东汉、三国、南北朝的冷期，时间为公元 1—600 年；隋唐时的暖期，时间为公元 600 年—960 年；五代、宋朝冷期，时间为公元 960—1280 年；元初暖期，时间为 1280 年—1300 年；从 1300 年到目前为止的冷期。

而 1300 年到现在为止的冷期中，如果在进行细分的话，都可以细分为四个更小幅度的冷、暖波动时期。其中冷期有 1470—1520 年、1620—1720 年、1840—1890 年和从 1950 年至今；暖期有 1300—1470 年、1520 年～1620 年、1720—1840 年、1890—1950 年。从以上数据可以看出，华北地区冷期不断增长的同时，其温度在逐年下降。

如果与西欧地区作比较的话，在我国处于 1300 年至今的冷期时，西欧也存在着 100 年和 200 年两个周期。其中 200 年的周期有 14 世纪至 15 世纪上半叶和 17 世纪初至 19 世纪上半叶，100 年的周期有 15 世纪下半叶至 16

世纪末和 19 世纪下半叶至 20 世纪上半叶。

2. 湿度变化周期

在华北地区的气候中，如果把干湿指数定位划分标准的话，可将其分成两个阶段，一是湿润期，二是干燥期。其中，湿润期平均历时 3 个世纪，干旱期历时 2 个世纪，并由它们共同构成一个 5 世纪的干旱旋回。历史上的湿润期有：公元前 200—公元 1 年、公元 100—200 年、公元 550—1100 年为湿润期、1300—1500 年等；干旱期有：公元 1—100 年、公元 200—540 年、1100—1300 年、1500—1700 年等。

3. 温度与湿度变化规律

华北地区温度与湿度的变化也存在冷暖、干湿对应的特点，同时随着时间的推移，变化的周期在逐渐缩短。最初的周期时长为 600 年，依次减少到 400 年、300 年，等到公元 1300 年的时候，变化周期就只剩 200 年左右了。从公元前 200 年等现如今华北地区温度和湿度与具体时间的对照如下：公元前 200 年—公元 1 年为暖湿阶段，公元 1—600 年为冷干阶段，公元 600—1000 年为暖湿阶段，1000—1300 年为冷干阶段，1300—1470 年为暖湿阶段，1470—1700 年为冷干阶段，1700—1950 年为暖湿阶段，1950 年以后为冷干阶段。

除了温度变化周期在逐年缩短之外，年均温的变幅度也有明显的下降趋势。其中，在公元 1300 年之前，华北地区的年均温变幅为 $1 \sim 2$ ℃左右。在这以后，年均温的变幅就降到了大约 1℃。

（三）近 50 年来的气候变化

以近 50 年的气象观测数据为参考来分析，可以很明显地看出，华北的气候正一步步向温暖干旱的类型迈进。

1. 温度变化

以河北省为例，近 50 年左右，基本所有的城市其年平均气温都有升高趋势。有北方热岛之称的石家庄，每年的年增温为 0.02 ℃，廊坊市的年平均气温也比以往高出 0.6 ℃左右。河北省在 1951 年到 1970 年的时候，各城市的平均气温距平值还为负数，到 1990 年，仅相差了 20 年，年平均气温距

平值就增长到 +0.20。在平均气温距平值中，根据 ΔT 的大小，将其分成了低温年和高温年。其中 1951 年至 1970 年，因 $\Delta T \leqslant -0.5\ ℃$，所以被称为是低温阶段，后面的 20 年时间，$\Delta T \geqslant +0.5\ ℃$，所以称为高温阶段。上述结果显示，河北省的各城市均存在气温逐渐变暖的趋势，一年当中，尤其以春冬两个季节增温最为明显。张家口市是河北省气温增幅最大的城市。

2. 降水变化

与温度变化不同，华北地区的年降水存在逐年减少的趋势。在 20 世纪 60 年代以前，华北地区还处在多降水期，到 60 年代中期，华北地区的年降水量开始减少。20 世纪 80 年代，是华北地区降水最少的时期。华北地区从 60 年代开始降水量减少，主要是因为夏秋两季的降水量与之前相比明显减少，所以才导致总降水量的降低。

（四）气候变化趋势预测

1. 根据史前时期气候变化规律的预测

以史前 10℃ 的气温变化幅度为参考，华北地区正处在冷干期初期，按照正常的发展期推算，还要持续 1 万到 2 万 a 才能进入下一个暖湿期阶段。如果以 5℃ 的气温变化为周期，晚全新世的温凉偏干期已经发展到了温暖湿润期阶段。

2. 根据历史时期气候变化规律的预测

如果按照历史时期 1～2℃ 的温度变幅为气温变化的周期，华北地区从 20 世纪 50 年代以后，就步入了冷干气候期，这也是华北地区存在的第四个 200 年的周期。根据推算，这一周期大概到 2 150 年才会结束，目前已经发展了 60 个年头。

3. 气候变化趋势受人类活动影响后的预测

能够对气候产生影响的人类活动有以下几种情况：现如今存在最多的不良情况就是人类对资源的过度开采与浪费，如过度开采水资源导致地下水位下降、不合理的开垦荒地导致土地资源的浪费、无休止的开矿导致矿产资源的减少、人们破坏环境和猎杀导致生物资源减少等。以上这些都是人类不正常的活动，对自然资源造成的不良影响。除了对资源的影响以外，人类活动的另一大影响还体现在环境方面。为了提高经济收益，一座又一座的工厂被建立，每天排入大气中的污染物都在成倍增加（如二氧化碳等有毒、害气体）。污水、废水、工业垃圾等化学物质，对水资源的污染也越来越严重。这些现象，都对华北地区的气候产生了深刻的影响。

虽然不同的研究学者对人类活动对气候变化的影响的看法不同，但是"全球正在变暖"，是所有人都一致认同的共同趋势。受这一趋势的影响，研究学者们又展开了关于湿度变化的探讨，结果也存在一定的差异，比如他们提出了："湿润说""中纬地区干旱说""冷湿说"的观点等。

除了上述观点存在差异外，研究学者对华北地区气候变化的趋势也存在不同的观点。其中，如叶笃正、施雅风认为气候将朝着温暖干旱发展；与之相反的是杨怀仁、张家诚等人，他们觉得气候的变化趋势为温暖湿润；但张春山认为，对气候产生最主要影响的是自然因素而不是人类活动，所以气候的总趋势应为干冷。

1992年，施雅风对全新世的大暖期展开了研究，通过推演发现，21世纪由于二氧化碳等温室气体的排放增多，全球气温将升高1~3℃。为了使利益达到最大化，把危害降到最小，我们要重点做到以下两点：第一，受百年时间尺度气温大幅度上升的影响，再加上夏季风增强的作用，北方很多地区降水量会明显增多，所以这时要重点关注农业的发展。第二，未达到暖湿阶段的气温都会存在不同程度的波动，所以在降水增多的同时，也可能会出现水旱等灾害，都需要我们多加注意。

（五）海平面变化分析

1. 海平面自然变化与气候变化的趋同性

气候的变化会对海平面升高与降低产生影响，这一观点被大多数的学者所认同。海平面的变化基本与温度的变化趋势相同，即温度升高海平面会上升，温度降低海平面会下降。

以渤海为例，渤海所有时期的海平面变化，都遵循了这一规律。早在全新世，华北地区气候逐渐变暖，降水也随之增多，渤海海平面就出现了上升的趋势。到了中全新世大暖期，海平面达到了世上最高的高度。在晚全新世时，气候又从暖期变为冷，降水随之降低，海平面也出现了下降的趋势。在这一时期，华北地区在西汉末年到东汉初年间，曾有过一小段时间的气温升高，所以渤海的海平面也出现了短时间的升高。

2. 受人类活动影响的海平面变化

海平面变化会受人类活动的影响，主要体现在人类在生活中不断向大气中排放如二氧化碳之类的温室气体，从而导致全球范围内的气候变暖。在全球变暖的趋势下，极地冰川开始不断融化，融化后的水源注入海洋，使全球范围内的海平面都出现了升高。不过从上升幅度来讲，到目前为止还没有一个明确的数据参考，不同地区每年海平面会出现几到几十厘米的上升幅度。若要具体分析渤海海平面的变化情况，除了要研究渤海地区的新构造运动外，还应把全球海平面变化的情况与其相结合，再把人类活动对渤海地区的影响考虑进去。

在新构造运动的影响下，华北地区存在的滨海平原开始出现下降的趋势。人类对地下水的过度开采和为了利益开展的挖沙掘贝现象，都在不同程度上导致了地面的下沉。在以上两种情况共同作用下，最直接的反应就是海水入侵平原。在海平面上升的时期，海水入侵更显著。

3. 海平面变化速率

1996 年李凤林在渤海验潮站对渤海海平面展开了观测工作，根据观测结果，整理出了一份能用来计算渤海地区海平面升降速率的数据。根据观测结果，得出渤海地区海平面的升降速率：葫芦岛为 1.2 mm/a、秦皇岛为 -2.9 mm/a、塘沽为 1.25 mm/a、羊角沟为 1.1 mm/a、烟台为 0.3 mm/a。通过以上数据可以看出，除了秦皇岛因自身构造数据值为负数外，其他地区均呈正值，也就说明这些地区的海平面呈上升趋势。

4. 海平面变化趋势预测

李凤林等人在 1 996 年开始了对 Hils-Axel Morner 的二氧化碳含量曲线进行了研究，并得出了一个气候曲线图与其相对应。在此基础上，又结合竺可祯的中国近 5 000a 来的气候变化的相关资料，最终得出了近 200a 的 8 个冷期和 8 个暖期。冷暖期相互交替出现，冷期大致历经 100a，暖期为 200 到 250a 不等，多数为 200a。1 850a 是冷期的第 8 次出现，也达到了冷期的最大值，在这之后就是暖期。按照暖期的持续时间推算，2050 年这一时期才会结束。由于海平面受温度的影响，所以等到 2 050 年结束，按照上述计算速率推算，渤海地区的海平面将会升高 7 ～ 11 mm。

（六）构造、气候、海平面、人类活动对地貌影响的综合分析

自然界的发展演化过程有很多种表现形式，本书重点说的就是地壳运动和气候对华北地区地貌演化的主要推动作用和具体影响情况，同时也突出了海平面对地貌演化的影响。发展到现阶段，人类活动对地貌形态的影响也越来越凸显，不过具体的影响程度，到目前为止还没有一个明确的结论，不同学者给出的观点不同。有的人认为，人类活动到目前为止，也应和地壳运动和气候一起共同成为地貌运动的主要推动力。有的人虽然认同了人类活动对地貌演化的影响，不过他们觉得这种影响程度要远远小于其他两者，地壳运动和气候还是起主要作用。由于地貌演化过程的复杂性，所以上述观点是不是真的符合地貌形成，目前还无法给出最科学的答案。

上述内容可以总结为以下三种结论：第一，新构造运动对华北地区地貌演化仍起主要的内在推动力；第二，气候是地貌演化的主要外在作用力，这时的人类活动可以起到一定的作用；第三，人类活动对地貌的影响分直接和间接两种形式。直接影响包括破坏性和建设性两种，都是对微地貌起主要作用。间接影响是人类活动影响到了降水、地面径流、风化等，从而对地貌产生的影响。

（七）华北地貌环境演化趋势分析依据

1. 地貌形成演化的重要动力——构造、气候以及受其影响的海平面

地壳的构造运动和自然界的气候变化，会对海平面的上升与下降产生影响，这三者同时构成了华北地区地貌演化的推动力。其中，地壳的构造运动主要起造貌的作用，气候主要以削貌为主，而海平面则会对前两者的具体进行情况产生影响。

2. 新构造运动趋势可能加剧

从现存的数据中可以看出，华北地区新构造运动存在加剧的趋势。新构造运动不断加剧，最直接的结果就是华北山地会持续不断被抬升，华北平原

和盆地会不断下降。

3. 年均温变幅 5℃的气候变化趋势——温凉偏干趋向温暖湿润

以 10℃的年均温变幅作为华北地区气候变化趋势的分析标准来讲，目前华北正处在一个新的冰期气候，这一时期将会存在一到两万年。但如果以 5℃的年均温变幅作为华北地区气候变化趋势的分析标准，华北地区则处在由温凉偏干向温暖湿润转化的阶段。若以 1 ~ 2℃为标准的话，华北地区则处在第四个冷干期的前 50 年中。

4. 人类活动对地貌的影响

从当前的研究数据来看，人类活动对华北山地地貌的影响主要通过微地貌表现出来。而对平原的影响，除了直接反应的微地貌影响外，还存在间接的对华北平原总体地貌的影响。

5. 气候变化间有个多灾难的过渡期

气候在冷暖相互期转变的过程中，会经历一段气候波动、多灾难的过渡期。通常情况下，以 10℃的年均温变幅为标准，在全球末次盛冰期到早全新世的气候变化中，过渡期为 1 000 ~ 3 000a。如果以 5 ℃的年均温变幅为标准，华北地区在中全新世到晚全新世的气候变化中，过渡期为 0.2 ~ 0.5 ka。

6. 在气候变化过程中湿度变化通常较为滞后

一个地区的温度在气候变化中，会先于该地区的湿度变化而改变。在华北地区温凉偏干气候向温暖湿润气候转变时，气候会先变成暖干，随后再变成暖湿。同样，在温暖湿润气候向寒冷干燥转化时，也会先变为凉湿，再变为冷干。

7. 气候变化中的渐变与突变

气候变化除了正常情况下的冷暖转变过程外，还存在渐变过程和突变过程。一般情况下，渐变过程的时长为 0.5 ka，突变过程为 0.2 ka。华北地区曾出现过两次强高温时期和两次强低温时期。其中，全新世的 8.5 ~ 8.4 ka BP 和 3.0 ~ 2.9 ka BP 属于高温时期，这也被当做是中全新世的上、下界限。8.9 ~ 8.7 ka BP 和 2.5 ka BP 是低温时期，也是两个明显的突变过程。

综合上述所有观点，可以总结出华北地区气候变化的四个特点：第一，华北地区的新构造运动越来越剧烈；第二，在 5 ℃年均温变幅下，华北地区处于凉干向暖湿的转变中，其中过渡期为 0.2 ～ 0.5 ka；第三，湿度的变化会比温度的变化晚；第四，气候变化存在突变的可能，一般情况下突变的时间为 0.2 ka，同时人类的活动也会对其产生影响。

第二节 华北地貌环境演变趋势分析

一、地势变化——山地高差加大，平原高差减小

1. 华北山地地势高差增大

如今越来越强烈的新构造运动导致山地持续不断抬升，再加上华北地区目前属于暖干性质的过渡气候期，在暴雨等灾害的影响下，河流对山地的切割与侵蚀更为明显，所以导致山地地势的高差也越来越大。依照如今的运动速率来推算，不到 200 年，山地就会抬升将近 1 m 左右，随之河流也会下切 1 m，这样地势高差就会扩大到 2 m。同时在蝴蝶效应下，高河漫滩前缘和后缘，将出现高出河床 3 m 和 5 m 的抬升，从而将其推到第一级阶地。

2. 华北平原地势高差减小

随着山地不断的抬升而来的就是平原的持续下降，同时导致地面夹击也随之不断加剧。再加上气候干旱的影响，使构成平原的堆积物质越来越少。在人为修筑水库和过度开采地下水的影响下，地面下沉也越来越严重。以上这些都是造成华北平原的下降幅度不断增大的主要原因。受这些作用的影响，直接反应出来的就是平原的地势高差降低，从而使地貌类型不断减少。

二、面积变化——海河流域面积扩大

山地不断的抬升运动使受暴雨—洪水影响的河流，下切侵蚀作用越来越明显，也进一步加剧了对河流源头的侵蚀，从而出现分水岭不断向外扩展的现象。这就促使了海河和滦河流域的面积越来越大。主要表现为以下两种情况：一种是河流源头的侵蚀越来越强烈，如滹沱河、永定河等对山西高原、内蒙古高原的侵蚀；另一种是在海河和滦河的流域内，如滏阳河、蓟运河等

的河流面积不断增大。

三、山地夷平面面积缩小或消失

1.塬状夷平面向梁状夷平面变化

现存于华北地区的不少塬状北台期山地夷平面和唐县期高山麓剥蚀面，虽然其最初面积都能达到几十平方千米，但由于新构造运动的影响，导致华北的山地不断被抬升，从而使河流的侵蚀作用越来越明显。在河流的侵蚀下，这些塬状面的面积不断变小，有的甚至已经向梁状夷平面转变。在这一情况的影响下，部分北台期山地夷平面的冰缘地貌也受到了不同程度的破坏。

2.梁状夷平面向峁状夷平面变化

华北地区也存在不少梁状山地夷平面，如小五台山顶部的北台期梁状山地夷平面、七老图山顶部的甸子梁期梁状山地夷平。在新构造运动的影响下，山地抬升、河流侵蚀加剧，也使这些梁状夷平面的面积逐年变小，并出现了向峁状夷平面转变的现象。

3.峁状夷平面面积减小，有的将会变成蚀余山

通常情况下，山顶呈平台状的独立的山地，如果其海拔达到2 300 m以上，就可以把它们归属于北台期的峁状夷平面，而那些海拔约为1 500 m左右的山地，则被归入唐县期峁状高山麓剥蚀面。华北现存的这些峁状山地夷平面和峁状高山麓剥蚀面，受外力作用和河水的不断侵蚀，再加上人为的破坏，其面积也在逐年减少，有的已经变成了蚀余山。

四、全区仍以物理风化为主，但地质灾害会有所减轻

地处暖干过渡气候的华北，由于洪水等灾害较多，因此受物理风化作用的强度与晾干时期相比要小些。同时，华北地区的地表还是会以物理风化为主，以粗粒物源供给为主。但由于其气候暖干，大大降低了寒冻和土壤水的作用，所以也有利于减少泥石流、滑坡等地质灾害的出现。

五、河流加积作用增强

1.山区河流河漫滩发育

华北地区位于暖干气候过渡的地带，受气候的影响，常常存在暴雨、洪

水等自然灾害，在山地河流源头位置，出现了受侵蚀、河流深切侵蚀和傍侧加积等作用后形成的河漫滩。华北地区山地的河漫滩多为河道两侧高、低两级的形态。之所以会出现这种情况，是因为在高河漫滩向阶地演化的时候，产生的各种外部环境都非常适合低河漫滩的发育。华北其余的河漫滩也基本属于这种发展情况。

2. 平原河流以细粒物质堆积为主

到目前为止，为了降低洪灾的破坏性，华北大部分地区都已经修筑了堤坝。堤坝的存在使部分山区的河水被阻断，导致其基本失去了河流的原有功能，所以使大部分河流堆积物都变成了细粒物质。就算是在洪水期，在水库的强烈作用下，部分流入平原的洪水中的沙质也多以细粒物质为主。所以，这就促使平原地区的堆积速率减慢，沙地面积逐年减少。

六、湖泊、湿地面积日趋减小

华北地区河流和湖泊的现状是其面积在持续不断地减小。尽管现如今河流中的泥沙含量在逐年降低，使湖泊和湿地的堆积速率慢慢减弱，为湖泊的生存提供了一个良好的环境。但由于大气中的水分含量越来越少，气候也越来越干热，蒸发量要远大于降水量，地下水位在人为的开采下也越来越低，导致不少湖泊逐渐消失。

七、海平面将进一步上升

不只是华北地区，基本上所有的海域都面临海平面持续抬升的问题。在新构造运动的影响下，渤海盆地持续下降，平原的形成速度也远远低于下降的幅度，再加上人类活动的作用，使海域面积越来越大，用不了多久就会出现沿海地区被淹没的现象。随着地壳运动，也会出现由海平面上升和海岸侵蚀共同作用的新海岸地貌。海平面的持续上升标志着陆地侵蚀基准面的抬高，也就代表了平原地面坡降在不断减少，导致河流源头的淤积加强。以上这些情况产生的最直接的影响就是在细粒物质不断堆积中，平原河流将会转变为曲流河型。

八、人类活动对地貌的影响加强

人类活动对实际地貌形态产生的影响主要以两种方式体现出来，一种是直接的，另一种是间接的。其中，直接影响也分为积极和消极两种情况。积极影响就是那些被改造的古自然堤沙质岗地、降低粉尘对山区的污染等建设性的措施，而消极影响则是那些因开采矿井或修路等对地貌产生破坏的事情。间接影响是指人们受自然环境的约束，不得不利用气候和植被来改造地貌。那么我们可以用一个不存在突发情况的华北山地为例，对这一地区长尺度的地貌演化进行预测，在形成一个中更新世末期的地貌面后，位于"V"形峡谷中的微地文期地貌就会被全部覆盖，这也就意味着小地文期的结束。这也就印证了环境变化是极具复杂性的。

第六章 华北旅游地貌资源的保护

地质遗迹中同时兼备科学、经济、社会和科普教育等价值一体的特殊地貌资源就是旅游地貌资源。这一地貌资源不仅能够表达自然变迁，也是人们了解历史的重要自然遗产。同时，旅游地貌资源还极具文化性，能够在更大程度上满足人们的各方面需求。

第一节 山地旅游地貌的保护

一、山地夷平面的保护

我国华北境内保存下来的山地夷平面，是目前国内最好的也是最全的山地夷平地，是很多研究学者研究地貌演化的重点参考依据。从20世纪初开始，不止是我国研究学者，也有不少外国学者不远万里来到中国对其进行考察研究。所以，华北地区的山地夷平地，不仅是一项自然资源，也是一项文化资源，更是被我国视为地文期研究的摇篮。

同时，由于山地夷平地的所处位置较高，造成了气候相对凉爽，非常适合亚高山草甸或草原植被的生存，以至于草食动物大范围的栖居。不过也正是因为地处海拔高，使这里很少有人居住，这里基本还未受到任何开发或破坏。所以，这一地区也可以看作是一种土地资源或旅游资源，既然是资源，就可以对我国的经济发展产生促进的作用。

上文之所以说华北的山地夷平面是现存中最全的，是因为它同时包含了不同时期形成的地貌面，如中生代的北台面、第三纪地地貌中的甸子梁面和晚第三纪地貌中的唐县面；也同时包括了不同类型的地貌面，如山顶面、山腰面、山麓面；还有不同阶段的地貌类型，如老年期的准平原、壮一老年期的山麓剥蚀面，壮年期的盘状宽谷。而说其最好则是因为，与其他地区相比，无论哪一种地貌类型，在这里的面积都是最大，形态也都是最完整的。所以，为了后续的科考研究，都需要对其加以重点保护。

（一）山西省五台山山地夷平面及冰缘地貌的保护

五台山位于我国山西省五台县境内，是我国四大佛教名山之一，居于佛教名山之首，是文殊菩萨的道场。该地是在中生代地貌演化末期形成的准平原地貌面，由北、中、东、南、西五台构成。其中，北台、中台的海拔相对较高，在台面上还存在冰缘地貌，在特定时期山顶的积雪仍可存留六七个月。由于地势较高，所以目前为止这两个台面鲜有人至，而地势较低的中台和东台以及周围谷地内的寺庙，现已被开发为旅游胜地。五台山是闻名中外的佛教圣地，也是佛教寺庙建筑最早的地方之一，极具宗教价值，需要重点保护。

（二）河北省甸子梁山地夷平面的保护

河北省蔚县南部的甸子梁山地顶部在地貌的不断演化中，形成了甸子梁期山地夷平面，这是华北地区现存最大最好的老年期准平原。这一夷平面会被地理学家重视，不仅是因为其代表了当时的地貌演化过程，也因为这一夷平面的上部和周围，还存有其他极具研究价值的地貌面，如上部的华北最老的古河道残留、东北部的茆状夷平面和东部的唐县期河源盆地面等。

甸子梁山地夷平面周围是层叠起伏的山峦，它们高耸直立与甸子梁面一起构成了北京、天津和石家庄一带的最具观赏价值的原始地貌景观。所以，它不仅是重要的地质文化遗产，也是旅游资源，虽然目前还未对其进行开发利用，但也不能忽视对其的保护。

（三）河北省平山县山麓剥蚀面的保护

华北地区的山地在地貌演化中形成了两期的山麓剥蚀面，它们分别是唐县期高山麓剥蚀面和平山期低山麓剥蚀面，其中平山县山麓剥蚀面更为典型。唐县期的高山麓剥蚀面由于受到切割作用，形成了相对高差约为200～300 m的丘陵面，这在太行山东麓和燕山南麓一带较为普遍。而平山县山麓剥蚀面没有受到切割，所以它的相对高差只有50～100 m，只在太行山东麓和燕山南麓呈条带状分布。不过二者在最后均在岗南附近，以喇叭口的形状向西收缩到了滹沱河的谷地中，在高山麓面的东、西位置形成了蚀余山，林山之间形成了"U"形的宽谷古河道。在低山麓面的前缘，受到更新世红土砾石扇覆盖的影响，在黄土砾石的扇面上，出现了茆状的低山麓面，即翠微山丘顶面。

二、河北省阳原古湖积台地的保护

古湖是在第四纪早更新世至晚更新世末次盛冰期形成的，不过并未存留下来，在 30 ka BP 前后，就随着地壳的运动而消失了，现存的由湖相沉积物构成的湖泊地貌，位于阳原县的桑干河南岸和蔚县壶流河两岸，其中桑干河南岸的地貌更为典型。

阳原县的古湖积台地，台地面宽为 5～8 km，比河床高 90 m，这一地貌不仅是湖泊本身演化发展的见证，也能表现出地理环境的演化。研究学者在湖相层中发现的古动物化石和新、旧石器，是我们人类起源和发展的重要历史依据。在 1 924 年后，泥河湾一带的湖相沉积物命名为"泥河湾层"，并沿用至今。这一地区为我们研究人类的起源提供了重要依据，是我国重要的地质文化遗产，现已被列为国家地质遗迹保护区。

三、山西省大同火山地貌的保护

山西省大同的火山地貌是华北境内现存的唯一一个火山地貌群。该地区的火山喷发于中更新世晚期至晚更新世，除了这一次的喷发，到目前为止的数万年时间里，它都没有再次喷发，属于一座死火山。在火山喷发之后，火山弹、火山灰、玄武岩流以及多个锥形的小火山堆都被保留了下来，到今天仍坐落于唐县期的夷平面上，形成了火山地貌。这一火山地貌代表了晚第四纪的华北地貌演化的全过程，是我国重要的地质文化遗产。

四、河北省丰宁平顶山古流水地貌的保护

在我国承德丰宁、秦皇岛的青龙以及北京的怀柔等地如今还存有不少微地貌，即壶穴。人们之所以会对这一地貌引起重视，是因为有学者认为它是分布于大冰盖之下的冰臼中，所以把其看作为冰川地貌，不过这一观点很快就被推翻，后有学者证明它其实属于流水地貌。这一地貌类型在我国南北方均有分布，现存于华北地区的壶穴大多由不同时期的流水所构成。其中，北京市怀柔县的壶穴属于现代河谷；河北省丰宁县平顶山上的壶穴，属于新世唐县期夷平面的古代谷地。古代的谷地能够更清晰地表现出不同时期不同形态的夷平面特征，是非常重要的古地貌遗迹，也是我国重要的地质文化遗产，

所以要重点保护。

五、河北省赞皇县嶂石岩地貌的保护

位于河北省石家庄赞皇县西部的嶂石岩地貌，是我国三大砂岩地貌之一，除了顶部位置的石灰岩，其余部分大多由红色的石英岩构成。以高大巍峨的三个阶梯的地貌之势构成了断壁长廊，坐落于海拔 1 500 ～ 1 700 m 的槐河源头的太行山主脊之上。

赞皇的嶂石岩地貌代表了从古近纪末期到新近纪末期的地貌的整个回旋过程，是经历了一段较长时期的地貌演化产生的结果。它所表现出的顶平、坡陡、麓缓三大特点，就是最好的地貌演化的见证：原本倾斜的地层面之上，受地壳运动的影响，又覆盖了甸子梁时期的夷平面，才让其出现顶平的表现；坡陡是由于在晚第三纪末期，地壳不断抬升，再加上河流的下切作用，造成岩块的多数崩裂而形成；到了新近纪末期，在唐县期的山麓面上又覆盖了第四纪地壳运动时，产生的堆积物才出现了麓缓。在这之后形成的长崖、断墙、方山、台柱、"Ω" 形谷和 "V" 形谷地，也是代表了第四纪地貌的演化过程。所以，赞皇嶂石岩除了是地貌演化的见证外，也是具有丰富研究价值的地质文化遗产，同时也是很好的旅游资源。

六、北京市房山岩溶地貌的保护

在海拔为 100 ～ 300 m 的龙骨山—太平山，我们发现了周口店洞穴，这就是著名的北京猿人遗址的发源地，从此北京房山区的周口店，就以具有古人类化石、哺乳动物化石和第四纪地质学等科学价值的物种而闻名。在那之后，不少研究学者开始对猿人遗址展开研究并取得了重大的成果，被视为是中国第四纪研究中的不可或缺的一项重点内容，也成为了华北地区中更新世的标准地层。目前，该地已被列为极具历史价值的地址遗产，北京猿人洞穴和山顶洞穴也被列为国际地址遗址保护区。

周口店洞穴最初是在上新世形成的，属于唐县期的山麓面岩溶地貌。在对其古地面红色风化壳进行研究时发现，这一洞穴是在地壳运动相对稳定下形成的。洞穴形成初时，受湿暖空气的影响，灰岩面上的岩溶开始发育，形成了由石芽、垂直裂隙、落水洞等共同组成的地下洞穴。后来等到第四纪山

地抬升的时候，岩溶持续不断地朝着更深的方面扩展，演变成垂直洞穴系统。在这之后，洞穴开始不断填充，进行自下而上的发展。由此可以得出，山顶洞的填充物是最早形成的，而猿人洞穴填充的物质则是最晚形成的。古人类入住洞穴的先后顺序大致也和洞穴填充物质的顺序相同。

七、河北省、天津市、北京市万里长城的保护

长城又称万里长城，始建于春秋战国时期，后期各朝各代都对其进行修筑，我们现在所说的万里长城大多为明代修建。长城东起鸭绿江西至嘉峪关，在古代的作用大多用来抵御外敌的侵略，现如今视为是中华民族的象征，被世界誉为是最伟大的奇迹之一，也是我国重要的文化遗产。在现存的长城中，华北地区存留最多，如燕、赵、秦、北魏、北齐等时期修建的长城。在这些当中，有的段落已经得到了国家的保护，但仍有大部分受自然风化或被人为破坏，为了保存这一宏伟浩大又驰名中外的工程，国家还需加大对典型地段的保护。

第二节 平原旅游地貌的保护

一、河北省安新县白洋淀的保护

白洋淀是我国 5A 级旅游景区，位于河北省中部保定的安新县境内，总面积达 366 km^2，东西总跨度为 39.5 km，南北跨度为 28.5 km，深度约为 5.5～6.5 m，总蓄水量在 8 m 水位时可以达到 23.6 亿 m^3，10 m 时可以达到 84.2 亿 m^3。白洋淀是河北省境内第一大内陆湖，古时有"北地西湖"，现又被称为"华北明珠"。它在如今有"鱼米之乡""荷花淀派"的美誉，是河北不少淡水水产品的生产地，也对冀中平原水资源的调度使用和气候的改善起到了重要的作用。被抗日队伍"雁翎队"当作游击区的白洋淀，是华北平原湖泊和湿地在衰退时有幸存留下来的。虽然在如今受到了人们的重视与保护，但由于大环境的影响，湖泊始终都处于衰退期，所以，白洋淀面积仍在减小。这就需要我们在对白洋淀进行保护时，采取一定措施：第一，水量的充足是保证其不干涸的重要因素，我们要做到白洋淀水量的定期补给；第二，减少水资源的不必要浪费，保证白洋淀不受污染，为其存在的水生物提供一

个安全的生存环境；第三，深化对白洋淀以及华北地貌等的演化研究，使每一次保护都能在科学的基础上开展。

二、山东省、河北省、天津市、北京市京杭大运河的保护

位于世界遗产名录中的京杭大运河，是现存于世界上最长的一条人工运河。大运河始建于春秋末年，后不断扩建，于隋朝和元朝的二次大规模扩建后，最终形成如今的规模。这条南起余杭（杭州），北到涿郡（北京）的运河，贯穿了东部的大平原，无论是古代还是现如今，都对南北经济、文化的发展与交流起到了很好的沟通促进作用。

不过，处于我们华北区域的位临运河、南运河、北运河和会通河，在20世纪50年代以后，由于运河两岸种植业的兴起和人们的管控不当，造成了河道淤积，使运河的水源供给得不到保障，从而出现了断航的现象。所以，基于上述原因，对大运河的保护应该分地段的开展修护工作，才能最终确保整条运河的流通。

三、河南省、河北省、山东省古人工堤的保护

河堤是最早被使用的防洪工程措施，我国初建河堤始于战国中期。现存于我们华北境内的两道河堤就是战国至汉代时期，古黄河两岸的河堤，它们分别是：分布在河南省、山东省和河北省境内的战国至西汉时期的河堤和全部位于山东省境内的东汉至唐代的河堤。原有的河堤中，以战国至西汉的河堤最为宏伟，其总长约400多km，宽度最大可达40km，从河南的武陵，途径浚县、滑县，又连接了河北与山东的交界地带，最后到达河北省的孟村。不过，现如今的大部分河堤都遭到了破坏，仅有少数被完整地保存了下来。现存的留在地面上的3～5m的河堤，也是我国重要的文化遗产，需要对其进行保护。

（一）河南省新乡古阳堤（禹堤）的保护

古阳堤在古时又被称为禹堤，属于黄河的左堤。这一河堤呈西南—东北的走向，西南起河南武陟县高村，途经新乡市、卫辉市、滑县堤、内黄县，最后到达下庄，断续长约85km，需要重点维护。

（二）河北省临西等鲧堤的保护

鲧堤是当地群众对其的称呼，它是西汉时期黄河的一条支流屯氏河的右堤，呈南北走向，南起河北省临西县的尖冢，向北途经临西县的城关和吕寨等地，最终到达常庄，全长约 31 km，在地形图上被称为长城堤。

（三）山东省临清市长城堤（陈公堤）的保护

临清市的长城堤又被称为是陈公堤，是黄河左堤中的一部分，全长160 km，由南向北从山东省冠县田庄开始，依次经过了临清市、夏津县、武城县、平原县，最后到达德州市陈公堤口。

四、河北省唐山市震害地貌的保护

1 976 年的唐山，经历了一次堪称毁灭级的地震，震级达 7.8，地面烈度高达十至十一度，是继 1 679 年三河一平谷地震后，影响巨大的又一次自然灾害。在地震发生后的几年里，中国人民通过不断的努力，在原有废墟的基础上，建立了一个崭新的唐山。唐山存留下来的地震遗迹，不仅是对 1976 年地震的纪念，更代表了中国人民团结一致的决心，所以也需要对其加以保护。

第三节　海岸旅游地貌的保护

一、天津市渤海湾西岸古贝壳堤的保护

到目前为止，在我们发现的所有贝壳堤中，位于天津市和河北省渤海湾西岸的古贝壳堤是现存于北方的最大也是最完好的贝壳堤，一共由四道堤构成，从海岸到陆地依次为：第 I 道堤、第 II 道堤、第 III 道堤、第 IV 道堤。其中，形成最早的是第 IV 道堤，最晚形成的是第 I 道堤。

这一贝壳堤不仅是海岸堆积地貌的一个典型代表，也成功地表述了渤海湾西岸海平面和陆地的演化发育的过程，被视为我国重要的地质文化遗产，该地区也被国家列为地质遗迹的重点保护区。

二、河北省昌黎滨海沙丘与七里海潟湖的保护

滨海沙丘与七里海潟湖同属于海岸地貌。在滨海沙丘形成后，才有七里

海的潟湖，它们二者是北方海岸极为罕见的一种"浅海—沙丘—潟湖"海岸地貌景观。由于滨海沙丘在 1 990 年被规划为旅游胜地，在人为的破坏下，导致七里海潟湖的海水流通被阻，使地表水补给不足，从而导致其面积越来越小。为了使其不再缩减，我国将这组地貌收入了地质文化遗产，同时成立了国家级的昌黎黄金海岸自然保护区。

三、辽宁省盘锦下辽河滨海湿地的保护

该湿地是我国北方滨海地区现存的最大的湿地，这里也是世界上芦苇的第二大产地。它呈北东—南西走向，长约 100 km，宽达 80 ～ 100 km，总面积达上万平方千米。该地区地貌由于地壳运动形成了几种特殊的地貌类型，如具有断裂带的辽河三角洲和受海岸线的变化形成的滨海湿地等。不过在 1996 年以后，受环境的影响，河流入海的水量和沙量都在极具减少，导致不少的海岸和河口两岸发生了侵蚀后退，从而造成湿地越来越小，有的甚至已经干涸。

四、河北省昌黎碣石山和北戴河碣石遗址的保护

位于河北昌黎县境内的碣石山和碣石遗址，是历代帝王和将相都会选择迅游的地方，千古一帝秦始皇就曾在碣石山上作观沧海。在新中国成立后，毛泽东主席也曾来到碣石山提笔写下《浪淘沙·北戴河》。不仅如此，有不少考古学者发现，在今河北的金山嘴和辽宁的墙子里等地，都留有大规模的秦皇行宫遗址，这对研究秦朝历史有非常重要的作用。由此可见，碣石山等地不仅能体现浓厚的政治色彩和文化内涵，也是众多考古学家和历史学者重要的研究对象，所以应重视对其的保护。

第四节 特殊地貌资源的保护

我国想要科学的建设和发展地质公园，最重要及最核心的一点就是要对地质遗迹加以很好的保护和利用。在这里笔者要说的是由中国学者发现的独立的一种地貌类型——丹霞地貌。这种地貌类型在我国北方是极为罕见的，它的存在为研究和教育都提供了可探索的资源。在北方，丹霞地貌主要分布

在承德境内。

位于河北省承德市的以丹霞地貌为主的国家级地址公园，是一个同时包含了地质构造、古生物、热泉等景观为一体的综合性的地质公园。承德盆地本身就是一个极为特殊的地貌构造，再加上其所处的地理位置和历时久远的地质演化，才使得公园内多种地质景观共存。承德的丹霞地貌主要的构景层是承德的砾岩，其形态各异，规模较大，与丹霞地貌区特有小环境共同构成了沟谷效应，这大大便利了后续的研究和保护。再加上丹霞地貌特有的美学观赏性，也为承德旅游业的发展提供了有利条件。

一、承德丹霞地貌概述

承德的丹霞地貌反应了丹霞地貌整个的发展演化过程，被视为研究华北丹霞地貌形成和发展的首选场所。承德丹霞地貌国家地质公园主要旅游景观就是丹霞地貌，在此基础上还结合了热河古生物群和清代皇家园林，极具自然、人文价值，并于 2011 年 11 月，被我国国土资源部批准建立。它地处河北省东北部，隶属燕山腹地，公园总面积达 48.76 km^2，包含了承德市的双滦区、双桥区等其他几个区。公园的核心部分由 3 个园区组成，它们分别是磬锤峰、双塔山、鸡冠山，占地面积约为 24.03 km^2。在这 3 个主要园区内共包括 6 个主要景区：夹墙沟、磬锤峰、唐家湾、朝阳洞、双塔山、鸡冠山。

如果按照我国的大地构造的单元来分，承德属于华北地台北缘的内蒙古地轴和燕山褶断带。这一地区在太古代时，随着地壳的运动不断下沉，进入地槽阶段后，开始形成了由铁镁质、砂质、泥质等物质共同组成的堆积，再加上常常发生基性岩浆活动，所以同时受到了变质和混合岩化的影响。该地区在前震旦纪的构造运动以后，就进入了准地台的发展阶段，经历了较为稳定的中元古代至古生代早二叠纪海相沉积之后，又开始了较为激烈的运动，并形成了陆相—火山沉积盖层。后来在经历了侏罗－早白垩纪的燕山运动后，在新生代才开始持续平稳的抬升。

承德丹霞地貌国家地质公园按地层划分的话，主要位于滦平断陷盆地的东部和承德断陷盆地的侏罗—白垩系的地层区。促使这一地层区形成的主要推动力就是燕山造山运动。受造山运动的影响，该区的构造形态主要是复式褶皱和断裂，形成了 NE 和 NNE 为具体方向的构造线。这一时期对承德丹霞地貌的发展演化和其具体形态产生直接影响的就是由盆地中巨厚粗碎屑堆积物在新华夏系构造活动的作用下形成的两组垂直的共轭剪节理。

二、承德丹霞地貌国家地质公园的保护及利用诉求

（一）自然保护的严格要求

承德的丹霞地貌不仅被规划入国家级的地质公园中，该地质公园也是我国重点保护的自然保护区。之所以对其如此看重，一是因为丹霞地貌本身的核心位置形态非常险峻，这就使人无法进行深入探查，在一定程度上保护了其原始生态群落的完整性；再有就是很多山崖顶端人无法通过外力到达，也保存了其生态系统的原始性。所以，不管从那方面来讲，地貌中旅游风景区的划分都会对自然资源的保护产生影响。

（二）旅游经济与生态效益的矛盾

日常生活水平和质量的提高，是所有人的期望。承德的很多地区尤其是丹霞地貌区，大多处于偏远的山区，这里经济落后交通也不便利，所以人们就想到了靠自然资源来改善生活。丹霞地貌的存在为其提供了可利用发展的旅游资源，也为开展旅游经济提供了基础。不过，开展旅游业固然可以增加人们的经济收入，但同时也不应该忽视对生态效益的保护。所有的资源都不是取之不尽用之不竭的，如果不能很好地控制好旅游开发的度，势必会对自然资源产生毁灭性的危害。

（三）风景游赏内容的组织和开拓特殊性

现存的承德丹霞，是壮年期的丹霞地貌，这一时期地貌的主要特点就是山块大规模离散，从而形成了许许多多孤立的石峰、石柱。每一个山块都是由形态各异的赤壁丹崖坡面构成，表现出"顶平、身陡、麓缓"的特点。在丹霞山风景区，还有两条河流，即锦江和浈江，它们共同构成了丹山碧水、村落田园的旅游景观。

（四）资源保护和人居环境建设的关系复杂

所有的河盆平原地区，在后期的发展中都会有人的加入，他们在这里安家落户形成典型的乡村田园，这也是中国景区独有的特色，在丹霞山周围也

存在为数不少的居民。想要利用景区发展来带动经济发展或者对环境加以保护，有效地协调风景区和人们的关系，是最为重要的一点，就是在不损害居民利益和环境的同时，科学合理地开展可持续的景区发展工作。

三、承德丹霞地貌资源的保护与利用规划对策

（一）应用生态扩张模型，划分风景资源空间利用等级

从旅游一词出现以后，旅游保护资源的使用与保护就一直被人们所热议，保护与利用也一直都是相互制约和影响的。承德丹霞景区在如今的发展规划下，也很明确地印证这一观点，在对景区资源的不断开发下，势必会对其原始的环境造成破坏。为了减少对资源的破坏，在对其进行生态扩张的时候，要更加重视生态核客观分布和生态的完整性。简单地说，就是利用丹霞景区大分散、小集中的空间分布特点，规划出资源核心区，把旅游活动设立在核心地区的边缘或者农耕地带，以此来减低对原始资源的破坏。

当然，想要合理地对资源进行保护与利用，单单确立生态核还不够，还要在遵从《风景名胜区总体规划标准》的前提下，有效地利用自然地理空间格局，建立良好的开发利用功能构思，对风景资源空间利用的强度来进行划分。除了把生态核规定为严禁开发的区域，对生态核的边缘地区也可进行如下的划分，如适度农林开发和轻度乡村旅游开发、生态保护和观光适度发展旅游的区域、外围乡村和休闲度假发展区域等。

（二）与风景区内部乡村结合，"区内游区外住"的服务设施布局

世界遗产地的标准和国家级风景名胜区资源环境保护的管理要求有：始终遵从"科学规划、统一管理、严格保护、永续利用"是其发展的基本原则，"区内游区外住"是其发现的具体指导思想。所以，在承德丹霞景区的发展上，应做到把丹霞山风景区规划进区域社会经济的发展体系中，合理利用丹霞山周围县市的积极作用，尽量减少景区内部的服务设施的数量。

正常的服务设施系统一般都会包含以下四级：服务基地、服务中心、服务村和服务点，与此同时，在风景区周边还会设立多个休闲度假区。除景区内部的服务村和服务点外，其他服务设施均位于风景区的外围，这也大大降低了景区内部的人为破坏度。

（三）运用视线安全格局理论构筑景观系统，分单元组织游赏和分区管理

受丹霞地貌离散型的影响，导致其在景观单元和游赏系统组织上都非常复杂，所以，在对其进行保护时要注意以下几点：第一，合理考虑景观在表现特征上的规律和差异后，再对其进行划分是很有必要的；第二，在科学分析景观单元中风景质量和景观敏感度的具体差异后，对各区进行景观单元组织，以求形成类似的观光步行系统和科考步行系统的游览线路；第三，想要同时实现多级景观控制点和多级游赏系统的开发模式，就必须做到分区开发、分区组织、分区验票的管理；第四，在确保生态资源不被破坏的前提下，开展不同类型的生态游赏活动，如自然与文化观光、山野考察探险旅游等，也有利于让丹霞风光更加深入人心。

第七章 问题与对策

第一节 华北地貌环境未来需要研究的问题

一、华北地区地貌环境需进一步研究的问题

（一）关于大地文期的划分标准与历时

本书一共提供了 3 个划分大地文期的标准，根据这 3 个标准可以把白垩纪至古新世归入白垩纪的大地文期中，把始新世初期归入新生代大地文期。这 3 个标准分别为：是否在全地区中含有角度不整合面；是否具有上部为细碎屑物质、下部为粗碎屑物质的沉积回旋；是否在全地区形成了地文期末期的老年期准平原和风化壳。

通过研究可以看出，白垩纪大地文期末期形成的老年期准平原与燕山造山末期的稳定地壳运动相吻合，新生代大地文期的初始时期也和喜马拉雅构造运动的开始时期相吻合。不过这种划分方法目前还没有被完全接受，仍存在一定的问题。主要原因如下：上文所提到的全地区，到目前为止还没有一个明确的定义，本书因为它符合外力作用，所以把其看作是一个流域，但这并不代表同一大地构造单元的其他流域也是这种情况；上文提到的 3 个划分标准也并不是固定不变的，因为无论是角度不整合面，还是下粗上细的沉积旋回都不是单一的，在同一时期会产生许许多多的角度不整合面或沉积旋回。所以，即使确定了研究老年期准平原要结合大地构造单元，我们也无法最终确定具体与哪一级构造单元相结合；而且不同地文期的历时也是不一样的，就像本书提到了两个地文期，白垩纪大地文期历时约为 80 ～ 100 Ma 左右，而新生代大地文期中古近纪中地文期的历时是 30 Ma 左右。所以具体衡量标准仍需继续探究。

（二）关于古近纪晚期甸子梁期夷平面的问题

不同研究学者在甸子梁期夷平面的形成与归属问题上持有不同的观点。通过分析 1996 年之前的研究成果可以看出，绝大多数人认为甸子梁期的夷平面存在于北台期夷平面或吕梁期夷平面中，并且形成于中生代末期至始新

世初期，也有人认为它是在古近纪形成的。也有极少部分研究者，把甸子梁期夷平面当作是独立的区域来进行研究，他们认为这一地貌面是在渐新世形成的，为了与华南地区的南岭期夷平面进行对照，也把它叫作南岭期或太行期岩溶剥蚀面。

1 996 年以后，吴忱等研究学者开始了对华北山地地文期的研究，并在蔚县一带发现了现存最大、最好的塬状夷平面——甸子梁面。在后期的探索中，他们通过对华北山地和盆地等地貌类型的详细研究，最终确认甸子梁期夷平面是在古近纪晚期的渐新世形成的，这与北台期夷平面的形成时间不符，所以才将甸子梁期夷平面和北台面区分开来，并将其更名为甸子梁期夷平面。

在此研究结论的基础上，李容全、韩慕康等学者也先后开展了研究工作，进一步印证了这一观点，不过也有人认为这一观点不科学。所以，仍需对甸子梁期夷平面进行深入研究。

（三）关于晚更新世地文期的划分问题

本书在对晚更新世地文期进行划分时，参考了华北山地的第二级基座阶地和华北平原的欧庄组堆积，遵循了将其归入清水期侵蚀—马兰期堆积的标准。不过这一划分并不详细，仍存在一定的问题。

从堆积物的角度来看，华北山地第二级阶地基座的堆积物十分复杂，虽然同为砾石层的沉积旋回，但因为形成时期不同，二者无法融合到一起，从而形成了上下两部分。上半部分形成于晚更新世晚期（Q_3^2），而下半部分则形成于晚更新世早期（Q_3^1），它们之间的年龄分界为 75ka BP。

在不同时期堆积物的影响下，促使华北山地第二级阶地形成了 3 种不同的结构类型：通过 Q_3^1 和 Q_3^2 相互重叠堆积而产生的阶地；Q_3^1 是在岩石基座的基础上堆积形成的基座阶地；Q_3^2 是在 Q_2 的基础上堆积形成的基座阶地。在对不同时期形成的堆积物进行分析后可以得出：在 Q_3^2 初期时，地表所受的作用力是极为激烈的侵蚀切割，受这一作用力的影响，砾石层在晚更新世晚期（Q_3^2）时，就分割成了底部的砾石层和上半部的马兰砾石层。底部的砾石层是在 70 ~ 50ka BP 形成的，属于末次冰期中的早玉木冰阶堆积（Q_3^{2-1}）。上半部分具体细分又可以分为埋藏部分和出露部分，埋藏部分是在 50 ~ 25ka BP（Q_3^{2-2}）时期形成的，出露部分是在 25 ~ 12ka BP（Q_3^{2-3}）时期形成的，二者同属于末次冰期的最盛期堆积。

华北平原的欧庄组也是由上下两部分组成的，底部是侵蚀面，侵蚀面上的欧庄组也有三层沉积旋回，即底砾石层及上部的细粒物质、中砾石层及上部的细粒物质、上砾石层及上部的细粒物质。最上部的沉积回旋是在 $40 \sim 25$ka BP 末次冰期间冰阶（Q_3^{2-3}）形成的，主要组成物质为细粒的棕红—棕黄色黏土层，中部的回旋在 $70 \sim 40$ka BP 末次冰期中的早玉木冰阶（Q_3^{2-1}）时形成，上层的回旋形成于 $2 \sim 11$ka BP 的末次盛冰期（Q_3^{2-2}）。

根据上述观点可以得出的结论有：这一时期地貌类型的划分情况完全符合地文初期的标准，而且 Q_3^2 初期出现的侵蚀作用，也与全球末次冰期早期的冷干期和海平面下降期相符；晚更新世的地文期还可以更详细的分为低一级尺度的地文期；上文提到的出露部分的马兰砾石层，其顶部土壤构成分为两部分，一是两层古土壤，二是一层表土层，共计 1.3 m 厚；欧庄组的上砾石层的上方也有高度为 $5 \sim 8$ m 的黄土状土，这一时期就可以看作是晚更新世地文期中的一个低尺度的地文期。

除了上述的几点结论外，在分析过程中还存在几点问题，如清水期侵蚀的初始如果算作是 Q_3^2 初期，那么末次间冰期（Q_3^1）的具体划分位置就无法确定；如果把欧庄组底砾石层形成时期算作是第三冰期，那么就会出现一个新的地文期，这一结果会直接对清水期侵蚀—马兰期堆积属于晚更新世地文期产生影响。

（四）晚上新世的 ×× 侵蚀期问题

研究中发现，在山西的高原静乐期红色黏土和德期红土砾石中间还存在一个侵蚀面，即 ×× 期侵蚀。这一侵蚀面在晚上新世，还形成了一个新的地文期，即 ×× 期侵蚀静乐期堆积。1985 年杨子赓在对太行山东麓周口店地区进行研究时，也在下上新统鱼岭组和上上新统东岭子组之间发现了这种堆积。所以，杨子赓提出 ×× 侵蚀期和鱼岭组受到侵蚀出现下切的时期基本保持一致。同年王乃梁在太行山东麓一带对高夷平面和低夷平面进行了区分，不过他并未提及 ×× 侵蚀期。所以，关于 ×× 侵蚀期的科学的研究数据现在基本没有，急需我们深入研究。

（五）里斯 / 玉木间冰期的地文期划分问题

通过不同学者的研究论证，现已可以确定里斯 / 玉木间冰期属于晚更新世。刘东生在 1985 年对黄土高原第四纪展开研究时发现，马兰黄土的下粗粒层（$L_{1.3}$）、中细粒层（$L_{1.2}$）和上粗粒层（$L_{1.1}$）均形成于晚更新世，这也证明了里斯／玉木间冰期的细粒沉积属于中更新世，并作为该时期的上半部分，而中、晚更新世的界限是 95（或 70）ka BP。所以，笔者也同意从华北地文期的角度来划分，早、中全新世可以被划入晚更新世，同时作为晚更新世的小地文期上部细粒物质的堆积。

二、华北山地地貌环境需进一步研究的问题

（一）低山麓剥蚀面的形成时代问题

华北地区现存的山麓剥蚀面大多分布于太行山东麓和燕山南麓一带，其中前者的海拔大约为 150～250 m，在演化过程中逐渐向东倾伏于华北平原的上方，而后者海拔约为 150 m，在演化中通过断裂的形式向南沉积在了冀东平原的下部。山麓剥蚀面受海拔高度的影响，又分为两种形式，即低山麓剥蚀面和高山麓剥蚀面。秦皇岛、山海关一带海拔为 25～150 m 的剥蚀面就是典型的低山麓剥蚀面，而唐县期的山麓剥蚀面海拔高出秦皇岛一带的剥蚀面 15～200 m，所以被称为高山麓剥蚀面。

最先发现低山麓剥蚀面的是王乃梁，他在北京昌平的燕山南麓发现这一剥蚀面后。对其命名为山足剥蚀面，相当于当时的第三级阶地面。后来他又在河北省平山县太行山东麓发现了区别于低山麓剥蚀面的地貌面，从而将高、低剥蚀面区分开来，称其为高夷平面、低夷平面。王乃梁认为，低夷平面和第三级阶地面之间存在联系，高夷平面虽然形成时间更老，但也同属于晚第三纪。

到了 1999 年的时候，高山麓剥蚀面和低山麓剥蚀面的名称才被最终确定。在后期的不断探究中，也逐渐印证了低山麓剥蚀面与第三级阶地面相连的观点。由于第三级阶地是在中更新世形成的，所以可以说低山麓剥蚀面也是在这一时期形成的。

对北京房山区太行山东麓的低山麓面形成与分布，不同的专家存在不同的看法，其中谢又予认为其形成于中更新世，位于平原之下 0～60 m 处，称其为埋藏山麓面。同时他认为在北京昌平区的十三陵盆地地下 60 m 处，也存在埋藏山麓面；李容全认为低山麓面是因为受到唐县期山麓剥蚀面断裂变形的影响，从而才在上新世时期形成；杨子赓觉得，在太行山东麓除了存在唐县期山麓剥蚀外，还存在一个能够和 Teil-hard de Chardin 等的侵蚀期形成

对比的面，形成时间为晚上新世。不过因为论证资料不足，这一观点并不能证明 ×× 面和低山麓面之间存在什么关系。

在中更新世，小地文期大致持续了近600ka，这一时期形成了第三级"U"形宽谷阶地的低山麓剥蚀面，这是一种壮年期的地貌面。而到了早更新世，虽然小地文期持续的时间是中更新世小地文期存在时间的3倍，但在这时只形成了第四级阶地面，并没有形成山麓剥蚀面。

综上所述，我们现存的研究并不能证明华北地区太行山东麓和燕山南麓的低山麓面到底形成于什么时间段，也无法确定它与中更新世小地文期和 ×× 侵蚀期的具体关系，所以仍需我们继续深入探究。

（二）滦河中游第二级阶地湖相堆积时期的古地貌问题

滦河是河北省的第二大河，位于迁安市的出山口一带，从地貌角度来讲，属于晚更新世洪积扇的扇顶。在滦河周围现存的堆积物有湖沼相的灰黑色粉砂—黏土堆积，形成于 $25960\pm624 \sim 12374\pm490a\ BP$，属于末次盛冰期的堆积。河北省的地质矿产局把这一堆积看作是马兰黄土同期的异相堆积，将其命名为迁安组。除了滦河出山口一带外，这种堆积还出现在了滦河中、下游第二级阶地、末次盛冰期的谷地和迁安以南滦河出山口的洪积扇形平原的顶部，所以想要具体知晓这一带在当时具体的地貌特征，也需要进行深入研究。

第二节 华北地貌开发及利用的一些建议

一、山地夷平面的开发与利用

华北地区的山地在地貌演化中主要形成了以高山地北台期山地夷平面和中山山地顶部的甸子梁期山地夷平面为主的两级山地夷平面。在这二者中，前者海拔达到了 2 500 m，主要有五台山、小五台山等地，后者海拔相对较低约为 1 500 ~ 2 200 m，主要有恒山、太行山等。它们虽然所处海拔不同，但其同属于较高海拔，地表都相对平缓，再加上气候适宜，所以自然植被（亚高山草甸）发育十分良好。夷平面地区的可溶岩部分，还留有了喀斯特地貌，这些都可用来作为旅游资源，为人们提供休闲度假、避暑等服务。

我国目前已经开发利用了不少山地夷平面资源，并将部分夷平地列入了自然保护区对其进行保护，同时还存在一些尚未被开发利用的部分。这一地貌资源是华北现存的唯一没有被开发完全的地区，所以在今后的发展中，无论是利用还是保护，都要注意保护其原有的地貌形态和原始自然面貌。在山地夷平面的开发和利用中，可以参考以下建议：充分利用北台期夷平面高海拔的特点，在冬季冰雪环境下合理搭配雪橇与牦牛的使用，形成具有藏族文化特色的冬季旅游项目；利用夷平面地势低平的特点，增设帐篷、蒙古包等具有民族特色房屋，这样做既能吸引游客，也能带来额外的经济收益；甸子梁期夷平面亚高山草甸丰富，适合发展畜牧业。

除了山地夷平面外，华北山地位置还存在位于坝上高原的唐县期高山麓剥蚀面和位于太行山东麓、燕山南麓的湟水期低山麓剥蚀面。前者现已被作为旅游资源开发利用，后者还未接受开发。

湟水期的低山麓剥蚀面，海拔约为 50 ~ 250 m，由于低丘顶部的土层薄且土壤干旱不利于植被生存，所以大部分农作物都分布于沟底或土层较厚的沟岸。这一地区的交通便利且人口密集，年降水量达 500 mm，再加上年积温较高和昼夜温差大，如果能够做到把大气降水和地表水充分利用的话，是很有利于园艺产业发展的。

二、山区水库的开发利用

华北地区为了有效的进行防洪、灌溉、发电、供水等工作，二十世纪五六十年代开始了水库的修建，虽然这确实为人们的生活带来了便利，但同时也带来了很多问题。部分山区由于水库的拦截，河流出现了断流，造成了河道干涸，裸露的沙地为西北风提供了第二个扬沙环境。再有，因为地下水长时间得不到补充，导致地下水位下降，从而出现了像湿地退化、海水倒灌等地质灾害。所以，怎样对水库加以有效的利用，是当下需要重点考虑的问题，如何让水库完成其蓄水灌溉、防洪等作用的同时又不会对下游河道地区的生态环境产生影响，是现如今急需解决的问题。

笔者在这里以滹沱河岗南和黄壁庄的水库为例，来谈谈对其的合理利用。在非汛期，水库的蓄水功能起不到任何作用，如果可以做到恢复河流在这时的主导功能，完全避免水库对河流的影响，就可以确保该地区的生态环境朝着更好的方向发展。等到汛期，水库在发挥防洪蓄水等作用时，可以结合气象台发出的预警，在最恰当的时候进行合理调配。在灌溉以及供水的问题上，应尽可能地通过河道输水，及时补充地下水，让地下水成为灌溉和用水的主要来源。这样做既可以减少水的蒸发，确保地下水位，又能降低对地表水的污染，避免出现地质灾害。

上述建议想要达成首先就需要一个最理想的发展环境，现如今我们想真正地实施起来还是很困难的，以前的解决办法已经根深蒂固的深入人们心中，想要用新的方式去替换以往的方式，确实还需要一段时间的努力。不过，只要我们始终以环保为中心，总有一天可以把所有想做的事都做好。

三、平原、海底古河道的开发利用

在华北平原，受河道变迁的影响存留了不少末次盛冰期形成的古河道，其中海河、辽河的古河道规模最大。河道所处的位置不同，使得它们的组成成分不同，在山前洪积扇的位置大多由砂砾石构成，中部平原地区由中、细砂构成，而滨海平原一带，则由更细的砂石构成。古河道大多是被掩埋在 $20 \sim 50$ m 的地下，这里面富含大量的地下淡水资源，所以可以对其进行开采，以用来作干旱或地表水贫乏的地区的供水。不过，淡水资源并不是无穷无尽的，为了减少淡水资源的浪费，在开采需要注意以下几点：平原地区在开采古河道淡水时，要结合当地的降水、地表水和地下水，做到合理的联合调蓄，这样更有利于做到淡水的可持续开采；大陆架地区由于降水和地表水等都不是特别丰富，再加上古河道上水的径流常常得不到有效的补给，所以这一地区的淡水资源非常宝贵，需要我们重点加以保护。

古河道地区之所以可以进行浅层地下淡水开采和调蓄水资源，最根本的原因是河道里存留下来的砂砾石层在起作用。不过在近几年由于开采过量、降水减少，地下水得不到及时的补充，水位逐渐下降，最直接的影响就是古河道的供水调蓄能力被削弱。虽然上述问题减少了淡水资源的存在空间，但只要到了丰水期，古河道就依然可以发挥其原有功能。

在合理开发利用古河道这一问题上，除了其具有的淡水资源外，古河道的沙荒地也应被我们重视起来。这一地区的气候环境适合果树、油料作物的生长，沙荒地里的细砂也是灰沙砖的最好原料，这些都可以用作开发利用。同时，位于地表的沙荒地也可以用来拦蓄水源，使其用来作地下水的补给资源，这一措施对那些地下水位大幅度下降的地区来说尤为重要。

四、关于禁止开发利用河滩地的建议

华北地区近几年的气候干旱，降水量也在逐年降低，就导致许多平原河道出现了干枯的现象，部分山区河道也是如此。这就大大减少了适合农作物生存的面积，所以很多人都把目光放在了河漫滩地上，尤其是高出河床1～3 m的河漫滩地，他们开始在这上面种植农作物，有的还会在上面增设建筑物。虽然人们经历过1996年和1998的洪水，从中吸取了教训，但迫于利益的诱惑，还是会有人对河滩地加以开发利用。

河滩地的主要作用就是在夏季汛期时，作为洪水的水流通道，所以为了确保洪水能够顺着通道流走而不是流向其他地方，在河道周围不可以存在高大的植被或建筑，就算有也只能是一些低矮的植被。只有这样才可以确保河床的最大面积和河道不堵塞。所以，有关部门必须重视起对河滩地的保护，严禁任何的开发利用。

五、关于禁止在滨海地区挖砂掘贝的建议

目前为止，在滨海地区出现的最多问题也不外乎以下几点：海岛面积缩减、海滩变窄、砂粒变粗、建筑设施被破坏和当地居民的内迁等。之所以会出现这些问题，一是受到海平面上升的影响，导致河流的入海沙量逐渐减低；二是过度地开采地下水和大量的挖砂、掘贝，使海岸受不到不同程度的侵蚀等。

想要解决滨海地区出现的问题，就必须从上述原因入手。我国沿海地区的海平面在逐年上升，除了不可控的自然因素外，还存在人为的因素，我们可以从这一方面尽量降低海平面的上升速度。人为产生的二氧化碳的排放、开采地下水导致的地面下沉、水库的不断蓄水导致海水沙量的减少等，都是人为造成的海平面上升的原因。所以政府要控制大气中二氧化碳的排放含量，对过度开采的行为也要加以限制，才能减少人为因素对海平面的影响。挖沙掘贝也是影响海平面上升的重要原因，不断地挖沙不仅加速了海水的快速入侵，也破坏了生态环境，虽然国家目前也在全力制止这一行为，但由于挖沙掘贝会直接影响当地的经济收益，所以治理效果还不显著。

参考文献

[1] 高抒，张捷．现代地貌学 [M]．北京：高等教育出版社，2006.

[2] 王瑜．中生代以来华北地区造山带与盆地的演化及动力学 [M]．地质出版社，1998.

[3] 吴奇．华北地块中部构造地貌与活动构造特征 [D]．中国海洋大学，2012.

[4] 孟元库．华北地块中部活动断裂体系特征及震后危险性初步研究 [D]．中国地质大学（北京），2013.

[5] 詹艳，赵国泽，王立凤，王继军，肖骑彬．河北石家庄地区深部结构大地电磁探测 [J]．地震地质．2011（04）：913-927.

[6] 曹现志．华北地块中部中新生代构造地貌演变过程与机制 [D]．中国海洋大学，2014.

[7] 李三忠，索艳慧，等．渤海湾盆地形成与华北克拉通破坏 [J]．地学前缘，2010（04）：64-89.

[8] 刘立军，徐海振，崔秋苹，王娟．河北平原第四纪地层划分研究 [J]．地理与地理信息科学，2010（02）：54-57.

[9] 周月玲，尤惠川．张家口断裂第四纪构造变形与活动性研究 [J]．震灾防御技术，2010（02）：157-166.

[10] 徐锡伟，等．首都圈地区地壳最新构造变动与地震 [M]．北京：科学出版社，2002.

[11] 叶连俊．华北地台沉积建造 [M]．北京：科学出版社，1983.

[12] 周尚哲．混杂堆积与岩穴成因研究新亮点——读《混杂堆积与环境》与《华北山地地貌与岩穴形成》[J]．山地学报，2014（3）：255-256.

[13] 王然，李庆辰，徐全洪．华北平原西南部石垄地貌的成因机理与古环境意义 [J]．第四纪研究，2012（11）1255-1260.

[14] 吴忱，徐全洪，赵艳霞，刘芳圆，陈利江．华北山地多成因壶穴初步研究——对华北山地"冰臼"等"冰川地貌"的讨论 [J]．地质论评，

2012（3）:319-328.

[15] 吕大炜,魏欣伟,刘海燕,刘彬彬. 华北板块晚石炭世古地貌单元划分及其聚煤规律 [J]. 油气地质与采收率,2010（9）:24-27.

[16] 刘芳圆,崔俊辉,陈立江,赵艳霞,秦彦杰. 华北平原地貌区划新见 [J]. 地理与地理信息科学,2009（7）:100-103.

[17] 吴忱. 地貌面、地文期与地貌演化——从华北地貌演化研究看地貌学的一些基本理论 [J]. 地理与地理信息科学,2008（5）:75-78.

[18] 吴忱."冰臼"是古地貌面上的流水侵蚀遗迹——壶穴——就韩同林《发现冰臼》一书中的资料谈华北北部的"冰臼" [J]. 地理与地理信息科学,2007（5）:74-77.

[19] 杨逸畴. 地貌学基础理论继承与创新的一部范例著作——读《华北山地地形面地文期与地貌发育史》[J]. 地理与国土研究,2001（11）:95-96.

[20] 韩慕康. 中国夷平面研究的新进展——吴忱等著《华北山地地形面、地文期与地貌发育史》评介 [J]. 地理学报,2001（12）:741-742.

[21] 章人骏. 华平原地貌演变和黄河改道与泛滥的根源 [J]. 华南地质与矿产,2000（12）:52-57.

[22] 许清海,吴忱,孟令尧,王子惠,阳小兰. 华北平原不同地貌单元冲积物孢粉组合

特征 [J]. 科学通报,1994（10）:1792-1795.

[23] 王颖,傅光翱,张永战. 河海交互作用沉积与平原地貌发育 [J]. 第四纪研究. 2007（05）:674-689.

[24] 华王成敏,郭盛乔. 北平原石家庄东南部宁晋泊地区湖相地层的年龄测定 [J]. 地质通报. 2005（07）:655-659.

[25] 夏正楷,郑公望,岳生阳,郁金城. 北京王府井东方广场工地旧石器文化遗址地层和古地貌环境分析 [J]. 北京大学学报（自然科学版）,1998（Z1）:5.

[26] 吴忱. 北平原四万年来自然环境演变 [M]. 北京:中国科学技术出版社,1992.

[27] 吕洪波，章雨旭，王俊．北京延庆白龙潭被揭示为一巨型山谷壶穴 [J].
地质论评，2010（06）:885-887.

[28] 孙洪艳，田明中，武法东．克什克腾世界地质公园青山花岗岩臼的特
征及成因研究 [J] 地质论评，2007（04）486-490+579.

[29] 高凤歧．渤海和北黄海地区泥炭的形成与晚玉木冰期以来海面升降的
关系 [J]．地质科学，1986，（1）:56-64.

[30] 高振西．怀来盆地的生成与喜马拉雅凿山运动 [J].1954，（2）:31-32.

[31] 高振西．北京近区新构造的集中证据 [J]．地质知识，1957（1）:16-19.

[32] 吴忱．华北地貌环境及其形成演化 [M]．科学出版社，2008.

[33] 周成虎，地貌学辞典 [M]．北京：中国水利水电出版社，2006

[34] 吴忱，等．华北山地地形面地文期与地貌发育史 [M]．石家庄：河北
科学技术出版社，1999.

[35] 邓绶林．地学辞典 [M]．石家庄：河北教育出版社，1992.

[36] 李德文，崔之久，李洪江，南凌．华北北部花岗岩风化穴形成机制与
环境意义 [J]．南京大学学报（自然科学版）.2003（01）:120-128.

[37] 中国地理学会地貌与第四纪专业委员会编．地貌及第四纪研究进展
[M]．北京：测绘出版社，1991.

[38] 吴忱，等．华北平原古河道研究论文集 [M]．北京：中国科学技术出
版社，1991.

[39] 李承绪．河北土壤 [M]．石家庄：河北科学技术出版社，1990.

[40] 左大康，等．黄淮海平原农业自然条件和区环境研究 [M]．北京：科
学出版社，1987.

[41] 河北师范大学地理系编．河北地理 [M]．石家庄：河北人民出版社，
1975.

[42] 卢演俦等．新构造与环境 [M]．地震出版社，2001.

[43] 吴忱，刘剑锋．华北地文期命名之新见 [J]．地理与地理信息科学，
2005（03）.188-197.

[44] 吴忱．地貌面、地文期与地貌演化——从华北地貌演化研究看地貌学
的一些基本理论 [J]．地理与地理信息科学.2008（03）75-78.

[45] 潘保田，李吉均，曹继秀．黄河中游的地貌与地文期问题 [J]．兰州大学学报．1994（01）：9.

[46] 鹿化煜．试论地貌学的新进展和趋势 [J]．地理科学进展．2018（01）：8-15.

[47] 姜鲁光．鲁中南山地地貌面与地貌演进研究——以泰鲁山地为例 [D]．山东师范大学，2003.

[48] 钱宁，等．河床演变学 [M]．科学出版社，1987.

[49] 林景星．华北平原第四纪海进海退现象的初步认识 [J]．地质学报，977（02）：109-116.

[50] 邵时雄，郭盛乔，韩书华．黄淮海平原地貌结构特征及其演化 [J]．地理学报，1989（03）：314-322.

[51] 景可，陈永宗，卢金发．黄河下游治理中几个问题的讨论 [J]．人民黄河，1988（04）：58-63.

[52] 邵时雄，安仲元，韩书华．河北平原新构造运动主要特征的分析 [J]．海洋地质与第四纪地质，1984（04）：67-77.

[53] 赵希涛，张景文，焦文强，李桂英．渤海湾西岸的贝壳堤 [J]．科学通报，1980（06）：279-281.

[54] 付强．沧州地区晚更新世以来的气候环境演变研究 [D]．南京信息工程大学，2012

[55] 李三忠，余珊，赵淑娟，刘鑫，龚淑云，索艳慧，戴黎明，马云，许立青，曹现志，王鹏程，孙文军，杨朝，朱俊江．东亚大陆边缘的板块重建与构造转换 [J]．海洋地质与第四纪地质，2013（03）：65-94.

[56] 林伟，王军，刘飞，冀文斌，王清晨．华北克拉通及邻区晚中生代伸展构造及其动力学背景的讨论 [J]．岩石学报，2013（05）：1791-1810.

[57] 李三忠，张国伟，周立宏，赵国春，刘鑫，索艳慧，刘博，金宠，戴黎明．中、新生代超级汇聚背景下的陆内差异变形：华北伸展裂解和华南挤压逆冲 [J]．地学前缘，2011（03）：79-107.

[58] 许立青．华北地块中部活动断裂体系特征及震后危险性初步研究 [D]．中国海洋大学，2013.

[59] 张长厚，张勇，李海龙，吴淦国，王根厚，徐德斌，肖伟峰，戴凛．燕山西段及北京西山晚中生代逆冲构造格局及其地质意义[J]．地学前缘，2006（02）：165-183.

[60] 张长厚，吴淦国，徐德斌，王根厚，孙卫华．燕山板内造山带中段中生代构造格局与构造演化[J]．地质通报，2004（Z2）：864-875.

[61] 邵济安，牟保磊，张履桥．华北东部中生代构造格局转换过程中的深部作用与浅部响应[J]．地质论评，2000（01）：32-40.

[62] 于泉洲，吕建树，孙京姐，刘煜杰．济南市南部山区旅游地貌资源研究[J]．辽东学院学报（自然科学版），2009（9）：260-265.

[63] 郝艳红．基于旅游的黄土地貌资源利用新途径—转化机制，类型和开发设计[D]．陕西师范大学，2008.

[64] 陈安泽．中国花岗岩旅游地貌类型划分初论及其意义[J]．国土资源导刊．2007（12）：47-51

[65] 杨小兰，吴必虎，刘耕年，张伟．中国旅游地貌学研究进展与学科体系形成[J]．地理与地理信息科学 2004（3）：100-104.

[66] 郭旭东，严富华．北京西山新构造运动的分期[J]．现代地质，1995（1）：50-59.

[67] 郭旭东．晚更新世以来中国海平面变化[J]．地质科学，1979（4）：330-341.

[68] 许春晓．论旅游资源非优区的突变[J]．经济地理，1995（12）：102-108.

[69] 张林源，黄羊山．旅游地貌资源及其开发研究[J]．地理学与国土研究，1993（10）：42-46.

[70] 郭永盛．近代黄河三角洲海岸的变迁[J]．海洋科学，1980（1）：30-34.

[71] 韩嘉谷．渤海湾西岸古文化遗址调查[J]．考古，1965（2）62-69.

[72] 朱光海．漳河故道初考[J]．水利史志资料，1990（1）46-48.

[73] 黄静波．山地型景区旅游产品设计——以郴州市为例[J]．人文地理．2007（05）：103-106.

[74] 房用，梁玉，王月海，王卫东．济南石灰岩山地植被特征及其对植被优化配置的研究[J]．山东大学学报（理学版），2008（01）：71-75.

[75] 李建江. 济南泉水保护研究 [J]. 水土保持研究，2003（03）:142-144.

[76] 赵建. 山东喀斯特景观旅游资源及其开发利用 [J]. 中国岩溶，2003
　　（04）:8.

[77] 王琳，张祖陆. 济南市南部山区生态恢复与重建途径探讨 [J]. 地理与
　　地理信息科学，2003（03）:71-75.

[78] 吴忱. 论太行山地区旅游风景地貌资源 [J]. 地理学与国土研究，2001
　　（04）:6-10.

[79] 张序强. 地貌的旅游资源意义及地貌旅游资源分类 [J]. 资源科学，
　　1999（06）:18-21.

[80] 吕朋菊，张明利，张永双. 新构造运动与现今泰山的形成及其地貌景
　　观 [J]. 山东矿业学院学报. 1995（04）:5.

[81] 刘冰，蒋道德，邓良基，雍国玮. 旅游地貌资源的两种动态聚类评价 [J].
　　四川农业大学学报，1996（03）:476-481.

[82] 赵全科. 旅游地貌资源及其开发与保护问题 [J]. 枣庄师专学报，1994
　　（02）:98-100.

[83] 张林源，黄羊山. 旅游地貌资源及其开发研究 [J]. 地理学与国土研究，
　　1993（03）:42-46.

[84] 冯大奎. 论旅游地貌资源 [J]. 地域研究与开发，1990（03）:51-54.

[85] 刘益旭，胡镜荣，王月霄. 河北省东北部海岸地貌资源的开发 [J]. 地
　　理学与国土研究，1986（02）:55-59.

[86] 熊国平，程亚午，徐武. 济南南部山区东片保护和发展规划探索 [J].
　　中国科技文，2013（05）:481-486.

[87] 吴忱，许清海，阳小兰. 河北省嶂石岩风景区的造景地貌及其演化 [J].
　　地理研究，2002（02）:195-200.

[88] 郭来喜，吴必虎，刘锋，范业正. 中国旅游资源分类系统与类型评价 [J].
　　地理学报，2000（03）:294-301.

[89] 吴必虎. 区域旅游规划原理 [M]. 中国旅游出版社，2001.